计算机实用技术案例系列

Flash CS4 动画设计案例集锦

李晓波　周　峰　编著

中国水利水电出版社
www.waterpub.com.cn

内 容 提 要

本书利用有代表性、实用性强、效果新颖的案例讲解 Flash CS4 在图形动画、文字动画、按钮动画、图像动画、声音动画、UI 组件动画、XML 文档操作动画、网页动画、游戏动画等方面的具体应用，基本涵盖了 Flash 所有的应用领域。

本书的特点是：案例经典、内容全面、技术实用、资源丰富，每一个案例都是精心挑选的，实用性强，解释详尽，让读者在实例练习中体验 Flash 动画设计的方法与技巧。

本书不仅适合各种层次的大中专院校学生、网页设计人员、动画设计人员以及网络动画或多媒体动画的个人爱好者阅读，也对网络动画、多媒体动画的专业人士有很高的参考价值。

图书在版编目（ＣＩＰ）数据

Flash CS4动画设计案例集锦 / 李晓波，周峰编著
. —— 北京：中国水利水电出版社，2010.5
（计算机实用技术案例系列）
ISBN 978-7-5084-7417-5

Ⅰ．①F… Ⅱ．①李… ②周… Ⅲ．①动画－设计－图
形软件，Flash CS4 Ⅳ．①TP391.41

中国版本图书馆CIP数据核字(2010)第065081号

书　　名	计算机实用技术案例系列 Flash CS4 动画设计案例集锦
作　　者	李晓波　周　峰 编著
出 版 发 行	中国水利水电出版社 （北京市海淀区玉渊潭南路 1 号 D 座　100038） 网址：www.waterpub.com.cn E-mail：sales@waterpub.com.cn 电话：（010）68367658（营销中心）
经　　售	北京科水图书销售中心（零售） 电话：（010）88383994、63202643 全国各地新华书店和相关出版物销售网点
排　　版	北京零视点图文设计有限公司
印　　刷	北京市兴怀印刷厂
规　　格	184mm×260mm　16 开本　21 印张　551 千字
版　　次	2010 年 5 月第 1 版　2010 年 5 月第 1 次印刷
印　　数	0001—3000 册
定　　价	38.00 元

前　　言

Flash CS4 是备受推崇的动画软件 Flash 的最新版本，它在延续 Flash 以前版本操作简单、设计直观等特点的基础上，增加了与 Photoshop、Illustrator 软件的交互应用，并且该版本具有快速、流畅的工作流。

Flash CS4 包含一个简化的用户界面、高级视频工具，并集成了相关软件，利用它可以帮助图形及 Web 设计人员、摄影师和视频专业人员更为有效地创建最高质量的图像。

本书从常见案例出发，图文并茂、循序渐进地介绍了常见 Flash 动画效果的设计与制作。全书以案例的形式，由浅入深地介绍了常见 Flash 动画效果制作的全过程。除了介绍具体的制作技术外，还对各类 Flash 动画的设计制作特点进行了归纳总结，读者在读完本书以后，举一反三，相信能够制作出达到专业要求的 Flash 动画效果。

本书结构

本书共 11 章，具体内容如下：

- 第 1～4 章讲解基础动画特效、图形动画特效、按钮动画特效和文字动画特效。
- 第 5、6 章讲解 Flash CS4 的鼠标动画特效、菜单和声音动画特效。
- 第 7、8 章讲解 Flash CS4 的网页动画特效和贺卡动画特效。
- 第 9、10 章讲解 Flash CS4 的 UI 组件应用特效和 XML 数据操作特效。
- 第 11 章讲解 Flash CS4 强大的游戏动画特效，即利用 Flash CS4 可以轻松制作有趣的、交互性强的、吸引人的游戏动画效果。

本书特色

- 实用性

本书首先着眼于制作实际的网页广告动画、文字特效动画、声音和图像动画、XML 文档操作动画，然后再探讨深层次的技巧问题。

- 详尽性

本书每一章都有大量的实例，通过这些实例介绍知识点。每个实例都是作者精心选择的，并且可以直接应用到以后的工作实例制作中，从而让读者能学到真正的实战本领。

- 延展性

本书每个实例都涵盖了多个技术要点，在分析案例的过程中会详细介绍相关的技术点。

- 全面性

本书包含了 Flash 动画的所有类型特效，即 Flash 基础动画特效、图形动画特效、按钮动画特效、文字动画特效、鼠标动画特效、菜单和声音动画特效、网页动画特效、贺卡动画特效、UI 组件应用特效、XML 数据操作特效、游戏特效。

本书适合的读者

　　本书不仅适合各种层次的大中专院校学生、网页设计人员、动画设计人员以及网络动画或多媒体动画的个人爱好者阅读，也对网络动画、多媒体动画的专业人士有很高的参考价值。

　　本书由李晓波、周峰编著，以下人员参与了本书的部分编写工作及资料搜集工作，他们是周科峰、王真、王征、孙更新、王萍萍、栾洪东、陆佳、吕雷、张振东、朱月琼、孟庆国、于超、赵秀园、杨延勇、周贤超、尹吉泰、孙强、纪欣欣，在此表示感谢。

　　由于时间仓促，加之水平有限，书中缺点和不足之处在所难免，敬请读者批评指正。

作者

2009 年 12 月

目　　录

第 1 章　Flash 基础动画特效

本章重点

本章重点讲解 Flash CS4 基础动画特效，如图形元件动画、多层动画、引导层动画、遮罩动画和旋转动画，具体内容如下：

- ➢　飞奔的骏马特效
- ➢　电影胶片动画特效
- ➢　采蜜动画特效
- ➢　大雪纷飞特效
- ➢　水波纹动画特效
- ➢　风车动画特效

案例 1.1　飞奔的骏马特效

1.1.1　案例说明与效果

本案例利用图形元件的补间动画和影片剪辑元件实现飞奔的骏马动画特效，运行后效果如图 1-1 所示。

图 1-1　飞奔的骏马特效

1.1.2　技术要点与分析

在 Flash CS4 中，元件共分 3 种：图形元件、按钮元件和影片剪辑元件。元件创建成功后，会自动保存到"库"面板中，然后就可以在整个文档或其他文档中重复使用该元件。

- 图形元件：一般用于静态图像，并可用来创建连接到主时间轴的可重用动画片段。图形元件与主时间轴同步运行。注意，交互式控件和声音在图形元件的动画序列中不起作用。由于没有时间轴，图形元件在 FLA 文件中的尺寸小于按钮或影片剪辑元件。
- 按钮元件：该元件可以创建用于响应鼠标单击、滑过或其他动作的交互式按钮。可以定义与各种按钮状态关联的图形，然后将动作指定给按钮实例。
- 影片剪辑元件：该元件可以创建可重用的动画片段。影片剪辑拥有各自独立于主时间轴的多帧时间轴。可以将多帧时间轴看作是嵌套在主时间轴内，它们可以包含交互式控件、声音甚至其他影片剪辑实例。也可以将影片剪辑实例放在按钮元件的时间轴内，以创建动画按钮。

在 Flash 文档中使用元件可以显著减小文件的大小，保存一个元件的几个实例比一个实例保存该元件内容的多个副本占用的存储空间小。例如，通过将诸如背景图像这样的静态图形转换为元件然后重新使用它们，就可以减小文档的文件大小。使用元件还可以加快 SWF 文件的回放速度，因为元件只需下载到 Flash 播放器中一次。

1.1.3 实现过程

1. 背景图片元件

（1）双击桌面上的 图标，打开 Flash CS4 软件，单击"文件/新建"命令（快捷键：Ctrl+N），新建 Flash 文档。

（2）单击"文件/保存"命令（快捷键：Ctrl+S），保存文件名为"飞奔的骏马特效"，文件类型为"Flash CS4 文档（*.fla）"。

（3）单击"修改/文档"命令（快捷键：Ctrl+J），弹出"文档属性"对话框，设置尺寸大小为 500 像素×300 像素，帧频为 15fps，背景颜色为"白色"，如图 1-2 所示。

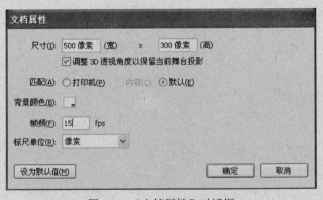

图 1-2 "文档属性"对话框

（4）单击"确定"按钮。

（5）导入图片。单击"文件/导入/导入到舞台"命令（快捷键：Ctrl+R），弹出"导入"对话框，如图 1-3 所示。

（6）选择要导入的图片后，单击"打开"按钮，即可把图片导入到场景中，在"属性"面板中设置其宽度为 500 像素，高度为 300 像素，如图 1-4 所示。

图 1-3　"导入"对话框

图 1-4　导入图片

（7）选择刚导入的图片，单击"修改/转换为元件"命令（快捷键：F8），弹出"转换为元件"对话框，如图 1-5 所示。

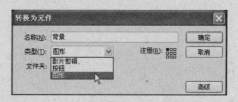

图 1-5　"转换为元件"对话框

（8）设置名称为"背景"，类型为"图形"，单击"确定"按钮，这样就把图片转换为图形元件了。

2. 骏马影片剪辑元件

（1）新建影片剪辑元件。单击"插入/新建元件"命令（快捷键：Ctrl+F8），弹出"创建新元件"对话框，如图 1-6 所示。

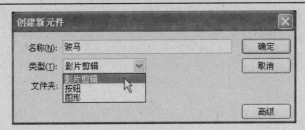

图 1-6　　"创建新元件"对话框

（2）设置名称为"骏马"，类型为"影片剪辑"，单击"确定"按钮，就可以新建影片剪辑元件，如图 1-7 所示。

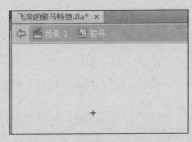

图 1-7　　新建影片剪辑元件

注意：影片剪辑元件也带有时间轴，与场景的很多功能相似，是 Flash CS4 中非常重要的元件，也是应用最广的元件。

（3）把 GIF 动画导入到"骏马"影片剪辑元件中。单击"文件/导入/导入到舞台"命令（快捷键：Ctrl+R），弹出"导入"对话框，如图 1-8 所示。

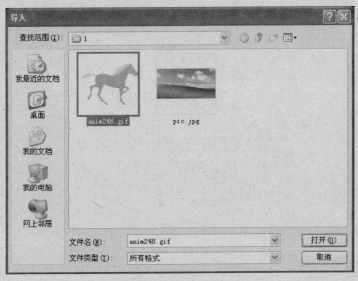

图 1-8　　"导入"对话框

（4）选择要导入的 GIF 动画，单击"打开"按钮，把 GIF 动画导入到"骏马" 影片剪辑元件中，如图 1-9 所示。

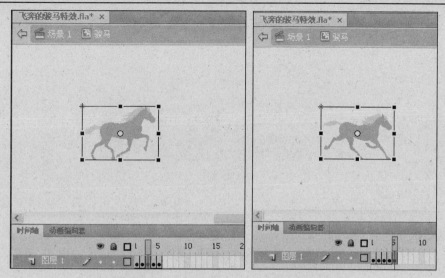

图 1-9　把 GIF 动画导入到"骏马"影片剪辑元件中

（5）单击"场景 1"，返回场景，单击"时间轴"面板中的 🖵 按钮，新建图层 2。

（6）单击"窗口/库"命令（快捷键：Ctrl+L），打开"库"面板，将"骏马"影片剪辑拖入到场景中，如图 1-10 所示。

图 1-10　将"骏马"影片剪辑拖入到场景中

3. 飞奔的骏马动画制作与测试

（1）选择场景中的"骏马"影片剪辑，单击"修改/变形/水平翻转"命令，再调整其位置，如图 1-11 所示。

图 1-11   图像水平翻转

（2）选择场景中的"骏马"影片剪辑，按 Ctrl+D 键，直接复制 2 个，调整它们的大小及位置后效果如图 1-12 所示。

图 1-12   直接复制图像

（3）选择"时间轴"面板中图层 1 的第 120 帧，单击"插入/时间轴/关键帧"命令，插入关键帧，再调整背景图片的大小，如图 1-13 所示。

图 1-13   插入关键帧并调整背景图片的大小

（4）创建动画。选择图层 1 中第 1～120 帧中的任一帧，单击"插入/传统补间"命令，就创建了补间动画，如图 1-14 所示。

图 1-14　素创建补间动画

（5）选择图层 2 中的第 120 帧，单击"插入/时间轴/帧"命令（快捷键：F5），插入普通帧，这样动画就制作完成了，如图 1-15 所示。

图 1-15　插入普通帧

（6）测试动画。单击"控制/测试影片"命令（快捷键：Ctrl+Enter），就可以看到飞奔的骏马动画特效，如图 1-16 所示。

图 1-16　飞奔的骏马动画特效

（7）按 Ctrl+S 键，保存文件。

案例 1.2   电影胶片动画特效

1.2.1   案例说明与效果

本案例利用多个图层实现电影胶片循环显示的动画特效，运行后效果如图 1-17 所示。

图 1-17   电影胶片动画特效

1.2.2   技术要点与分析

图层是 Flash CS4 对动画重要的组织手段，使用图层，用户可以在不同的层上创建图案和图案的动画行为，并且各层上的图案彼此之间不会产生影响，这样就可以简化动画的创作以及简化对动画中物体的管理。如果要在某一图层中绘制图形、制作动画效果或对图层进行修改，首先要选择该层。时间轴中图层或文件夹名称旁边的铅笔图标表示该图层或文件夹处于活动状态。注意，一次只能有一个图层处于活动状态（尽管一次可以选择多个图层）。

1.2.3   实现过程

1. 电影胶片元件

（1）双击桌面上的 图标，打开 Flash CS4 软件，单击"文件/新建"命令（快捷键：Ctrl+N），新建 Flash 文档。

（2）单击"文件/保存"命令（快捷键：Ctrl+S），保存文件名为"电影胶片动画特效"，文件类型为"Flash CS4 文档（*.fla）"。

（3）单击"修改/文档"命令（快捷键：Ctrl+J），弹出"文档属性"对话框，设置尺寸大小为 580 像素×200 像素，帧频为 24fps，背景颜色为"白色"，单击"确定"按钮。

（4）单击工具箱中的 按钮，在"属性"面板中设置填充色为黑色，圆角半径为 5，然后绘制圆角矩形背景，调整其大小及位置后效果如图 1-18 所示。

（5）同理，再绘制一个小圆角矩形，填充色为白色，然后按 Ctrl+G 键，把其转换为图形，再调整其位置后效果如图 1-19 所示。

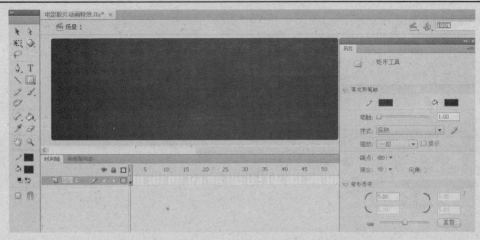

图 1-18　绘制圆角矩形

图 1-19　绘制小矩形并转换为图形

（6）选择刚转换为图形的小矩形，按 Ctrl+D 键，进行直接复制，如图 1-20 所示。

图 1-20　直接复制图形

（7）选择所有小矩形，方法是：按 Ctrl+A 键，全选所有图形，然后按 Shift 键，单击黑色背景矩形，就可以取消其选择，这样就选择了所有小矩形。

（8）按 Ctrl+K 键，打开"对齐"面板，单击 按钮，实现"上对齐"，再单击 按钮，实现"水平居中分布"，如图 1-21 所示。

图 1-21　对齐与分布

（9）选择对齐与分布后的小矩形，按 Ctrl+G 键，组合成一个图形。按 Ctrl+D 键，进行直接复制，调整其位置后效果如图 1-22 所示。

图 1-22　复制图形

（10）导入图片。单击"文件/导入/导入到库"命令，弹出"导入到库"对话框，如图 1-23 所示。

图 1-23　"导入到库"对话框

（11）选择要导入的图片，单击"打开"按钮，就可以把图片导入到库中。按 Ctrl+L 键，打开"库"面板，选择导入的图片，拖入到场景中，如图 1-24 所示。

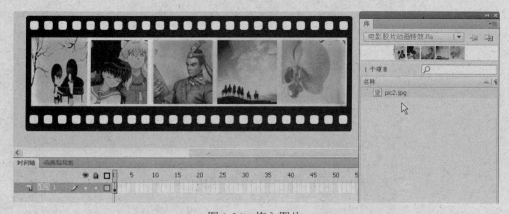

图 1-24　拖入图片

（12）按 Ctrl+A 键，选择场景中的所有图形，按 F8 键，弹出"转换为元件"对话框，如图 1-25 所示。

（13）设置名称为"电影胶片"，类型为"图形"，单击"确定"按钮。

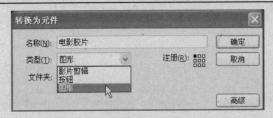

图 1-25　"转换为元件"对话框

2. 电影胶片动画制作与测试

（1）选择"时间轴"面板中图层 1 的第 128 帧，单击"插入/时间轴/关键帧"命令，插入关键帧，再调整"电影胶片"元件的位置，如图 1-26 所示。

图 1-26　插入关键帧并调整该帧元件的位置

（2）创建动画。选择图层 1 中第 1～128 帧中的任一帧，单击"插入/传统补间"命令，就创建了补间动画，这时按 Ctrl+Enter 键进行测试，就会发现电影胶片从左向右运动并渐渐消失。

如何实现电影胶片的循环显示呢？这就需要新建一个层，然后通过位置的调整来实现，具体方法如下：

（3）单击"时间轴"面板中的 按钮，新建图层 2。

（4）选择图层 1 中的第 1 帧，按 Ctrl+C 键，复制该帧中的元件，然后选择图层 2 中的第 1 帧，按 Ctrl+V 键，粘贴该元件，最后调整其位置后效果如图 1-27 所示。

图 1-27　复制粘贴元件

（5）选择"时间轴"面板中图层 2 的第 128 帧，单击"插入/时间轴/关键帧"命令，插入关键帧，再调整"电影胶片"元件的位置，如图 1-28 所示。

图 1-28　插入关键帧

（6）选择图层 2 中第 1～128 帧中的任一帧，单击"插入/传统补间"命令，就创建了补间动画，从而实现电影胶片的循环显示特效。

（7）测试动画。单击"控制/测试影片"命令（快捷键：Ctrl+Enter），可以看到电影胶片的动画特效，如图 1-29 所示。

图 1-29　电影胶片的循环显示动画特效

（8）按 Ctrl+S 键，保存文件。

案例 1.3　采蜜动画特效

1.3.1　案例说明与效果

本案例是典型的引导层动画，即利用钢笔工具绘制蜜蜂的运动路径，然后让蜜蜂沿该路径实现动画特效，运行后效果如图 1-30 所示。

图 1-30　蜜蜂采蜜动画特效

1.3.2 技术要点与分析

动画设计人员可以在引导层中自由绘制路径，然后让元件、组或文本块可以沿着这些路径运动，所以又称路径补间动画。本案例就是利用钢笔工具绘制不规则运动路径，即沿着花朵绘制路径，然后通过将"蜜蜂"影片剪辑元件紧贴路径的两端实现引导层动画效果。

本案例还进一步优化了引导层动画，即通过"缓动"参数来设置，其值为 0，表示动画均速运动；其值为正数，表示运动速度越来越慢；其值为负数，表示运动速度越来越快。

1.3.3 实现过程

1. 背景图片和蜜蜂元件

（1）单击桌面上的 ![icon] 图标，打开 Flash CS4 软件，单击"文件/新建"命令（快捷键：Ctrl+N），新建 Flash 文档。

（2）单击"文件/保存"命令（快捷键：Ctrl+S），保存文件名为"采蜜动画特效"，文件类型为"Flash CS4 文档（*.fla）"。

（3）单击"修改/文档"命令（快捷键：Ctrl+J），弹出"文档属性"对话框，设置尺寸大小为 600 像素×300 像素，帧频为 24fps，背景颜色为"白色"，单击"确定"按钮。

（4）导入图片。单击"文件/导入/导入到舞台"命令（快捷键：Ctrl+R），弹出"导入"对话框，选择要导入的图片，如图 1-31 所示。

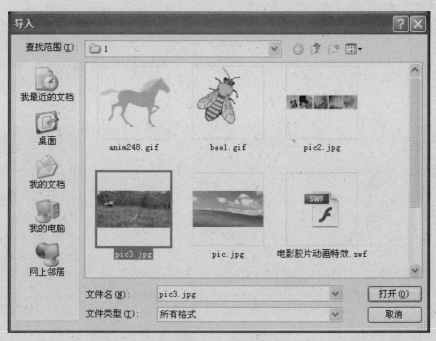

图 1-31 "导入"对话框

（5）单击"打开"按钮，就可以把图片导入到场景中，在"属性"面板中设置其 X 和 Y 坐标值都为 0，如图 1-32 所示。

图 1-32　导入图片并设置其位置

（6）新建影片剪辑元件。单击"插入/新建元件"（快捷键：Ctrl+F8），弹出"创建新元件"对话框，如图 1-33 所示。

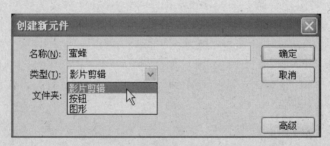

图 1-33　"创建新元件"对话框

（7）设置名称为"蜜蜂"，类型为"影片剪辑"，单击"确定"按钮，就可以新建影片剪辑元件了。

（8）同理，把 GIF 动画导入到"蜜蜂"影片剪辑元件中，如图 1-34 所示。

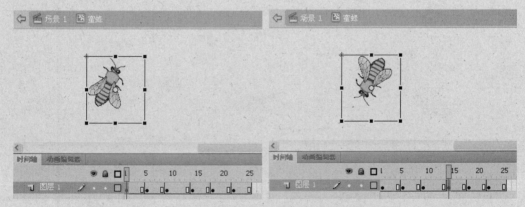

图 1-34　把 GIF 动画导入到"蜜蜂"影片剪辑元件中

（9）单击"场景 1"，返回场景，然后单击"时间轴"面板中的 按钮，新建图层 2。

（10）单击"窗口/库"命令（快捷键：Ctrl+L），打开"库"面板，选择"蜜蜂"影片剪辑将其拖入到场景中，如图 1-35 所示。

图 1-35　拖入"蜜蜂"影片剪辑

2. 引导层动画制作与测试

（1）添加引导层。选择图层 2，右击，在弹出的快捷菜单中单击"添加传统运动引导层"命令，即可添加引导层，如图 1-36 所示。

图 1-36　添加引导层

（2）选择引导层，单击工具箱中的 ![按钮]按钮，绘制蜜蜂运动路线，即引导蜜蜂进行运动，具体如图 1-37 所示。

图 1-37　绘制引导层路径

（3）制作引导层动画。选择"蜜蜂"影片剪辑，按下鼠标左键拖动其到引导路径的一端，即"蜜蜂"影片剪辑的中心圆紧贴引层路径一端，如图 1-38 所示。

图 1-38　"蜜蜂"影片剪辑的中心圆紧帖引层路径一端

（4）选择图层 1 的第 120 帧，按 F5 键，插入帧。同理，选择"引导层"的第 120 帧，也插入帧。选择图层 2 的第 120 帧，按 F6 键，插入关键帧，如图 1-39 所示。

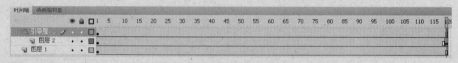

图 1-39　插入帧和关键帧

（5）选择图层 2 的第 120 帧，再选择"蜜蜂"影片剪辑，按下鼠标左键将其拖动到引导路径的另一端，如图 1-40 所示。

图 1-40　"蜜蜂"影片剪辑的中心圆紧贴引层路径另一端

（6）选择图层 2 中第 1～120 帧中的任一帧，单击"插入/传统补间"命令，就创建了引导层动画，即看到蜜蜂沿着绘制的路径运动。

（7）进一步优化引导层动画。选择图层 2 中的第 20 帧，按 F6 键，插入关键帧，然后缩小"蜜蜂"影片剪辑，并设置"缓动"为-100，这样蜜蜂就会在第 20 帧有一个短暂的停顿，如图 1-41 所示。

图 1-41 第 20 帧插入关键帧

（8）同理，在第 75、100、115 帧，插入关键帧，设置"缓动"为-100。

（9）最后选择图层 1、图层 2 和引导层的第 160 帧，按 F5 键，插入帧，这样就可以延长动画播放时间了。

（10）下面来测试动画。单击"控制/测试影片"命令（快捷键：Ctrl+Enter），就可以看到蜜蜂采蜜动画特效，如图 1-42 所示。

图 1-42 蜜蜂采蜜动画特效

（11）按 Ctrl+S 键，保存文件。

案例 1.4 大雪纷飞特效

1.4.1 案例说明与效果

本案例利用喷涂刷工具绘制纷纷飘落的雪花，再利用钢笔工具绘制大雪花的运行路径，然后让多个大雪花沿该路径实现动画特效，即多引导层动画效果，运行后效果如图 1-43 所示。

图 1-43　大雪纷飞特效

1.4.2　技术要点与分析

本案例讲解的也是引导层动画，具体知识前面已讲过。不过，本例实现了在一个引导层下有多个图层，并且多个图层中的元件沿着引导层中的路径进行运动。

1.4.3　实现过程

1. 背景图片和雪花元件

（1）单击桌面上的 图标，打开 Flash CS4 软件，单击"文件/新建"命令（快捷键：Ctrl+N），新建 Flash 文档。

（2）单击"文件/保存"命令（快捷键：Ctrl+S），保存文件名为"大雪纷飞特效"，文件类型为"Flash CS4 文档（*.fla）"。

（3）单击"修改/文档"命令（快捷键：Ctrl+J），弹出"文档属性"对话框，设置尺寸大小为 600 像素×380 像素，帧频为 24fps，背景颜色为"白色"，单击"确定"按钮。

（4）导入图片。单击"文件/导入/导入到舞台"命令（快捷键：Ctrl+R），弹出"导入"对话框，选择要导入的图片，单击"打开"按钮，就可以把图片导入到场景中，在"属性"面板中设置其 X 和 Y 坐标值都为 0，宽度为 600，高度为 380，如图 1-44 所示。

图 1-44　导入图片并设置其位置

（5）单击"时间轴"面板中的🔒按钮，锁定图层 1，然后单击⬜按钮，新建图层 2。

（6）单击工具箱中的🖌按钮，在"属性"面板中设置喷涂颜色为"白色"，缩放为 200%，并且为随机缩放，然后进行喷涂，如图 1-45 所示。

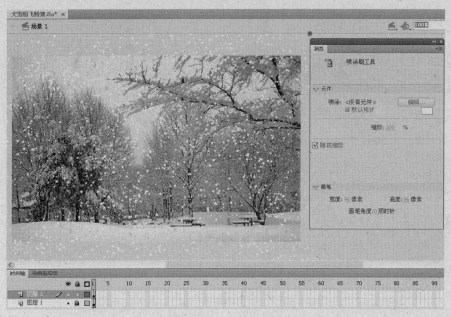

图 1-45　喷涂雪花

（7）单击图层 2 中的第 1 帧，就可以选择喷涂的所有雪花，按 F8 键，弹出"转换为元件"对话框，设置名称为"雪花"，类型为"图形"，如图 1-46 所示。

图 1-46　"转换为元件"对话框

（8）单击"确定"按钮，就可以创建雪花元件了。

2．雪花飞舞动画效果

（1）选择图层 1 的第 90 帧，按 F5 键，插入帧。选择图层 2 的第 90 帧，按 F6 键，插入关键帧。

（2）选择图层 2 的第 1 帧，调整雪花元件的位置，如图 1-47 所示。

图 1-47   图层 2 的第 1 帧中雪花元件的位置

（3）选择图层 2 的第 90 帧，调整雪花元件的位置，如图 1-48 所示。

图 1-48   图层 2 的第 90 帧中雪花元件的位置

（4）选择图层 2 中第 1～90 帧中的任一帧，单击"插入/传统补间"命令，就创建了动画效果。

（5）制作循环动画，具体方法见案例 1.2，这里不再重复。

（6）这时按 Ctrl+Enter 键，就可以看到雪花飞舞的动画效果。

3. 多引导层动画制作与测试

（1）单击 按钮，新建图层 4，再单击工具箱中的 按钮，按 Shift 键绘制圆形（注意，在前面制作循环动画时已创建了图层 3）。

（2）单击"窗口/颜色"命令（快捷键：Shift+F9），打开"颜色"面板，设置类型为"放射状", 颜色为"白灰渐变", 并且灰色的不透明度为 20%, 如图 1-49 所示。

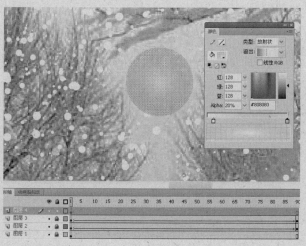

图 1-49　为圆形填充渐变色

（3）选择圆形, 按 F8 键, 弹出"转换为元件"对话框, 设置名称为"大雪花", 类型为"图形", 如图 1-50 所示

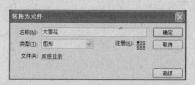

图 1-50　"转换为元件"对话框

（4）设置好各参数后, 单击"确定"按钮, 就可以创建大雪花元件了。

（5）选择图层 4, 右击, 在弹出的快捷菜单中单击"添加传统运动引导层"命令, 即可添加引导层, 然后单击工具箱中的  按钮, 绘制大雪花运行路径, 如图 1-51 所示。

图 1-51　创建引导层并绘制大雪花运行路径

　　（6）制作引导层动画，即选择图层 4 的第 1 帧中的大雪花元件，调整到引导路径的一端，然后在图层 1 的第 90 帧，按 F6 键，插入关键帧，再把该帧中的大雪花元件调整到引导路径的另一端，如图 1-52 所示。

图 1-52　引导层动画

　　（7）选择图层 4，单击 ↵ 按钮，新建图层 5，然后把大雪花元素拖入到该图层的第 1 帧，选择该层的第 90 帧，按 F6 键，插入关键帧，设计多引导层动画，如图 1-53 所示。

图 1-53　新建图层并创建多引导层动画

　　（8）同理，再制作其他多引导层动画，制作好后效果如图 1-54 所示。

图 1-54　制作其他多引导层动画

（9）下面来测试动画。单击"控制/测试影片"命令（快捷键：Ctrl+Enter），可以看到大雪纷飞的特效，如图 1-55 所示。

图 1-55　大雪纷飞特效

（10）按 Ctrl+S 键，保存文件。

案例 1.5　水波纹动画特效

1.5.1　案例说明与效果

本案例是典型的遮罩层动画，即利用遮罩层中的椭圆线运动制作水波纹动画特效，运行后效果如图 1-56 所示。

图 1-56　水波纹动画特效

1.5.2　技术要点与分析

如果要获得聚光灯效果、过渡效果动画，可以使用遮罩层创建一个孔，通过这个孔可以看到下面的图层。填充的形状、文字对象、图形元件的实例或影片剪辑都可以作为遮罩层。将多个图层组织在一个遮罩层下可创建复杂的效果。

遮罩层也可以创建动画。如果用作遮罩的是填充形状，可以使用补间形状动画；如果用作遮罩的是图形实例或影片剪辑，可以使用补间动画，注意当使用影片剪辑实例作为遮罩时，可以让遮罩沿着运动路径运动。

若要创建遮罩层，就要将遮罩层放在要用作遮罩的图层上。与填充或笔触不同，遮罩层就像一个窗口一样，透过它可以看到位于它下面的链接层区域。除了透过遮罩层显示的内容之外，其余的所有内容都被遮罩层的其余部分隐藏起来了。

注意：遮罩层不能在按钮内部，也不能将一个遮罩应用于另一个遮罩。

创建遮罩层遮住其他的图层共有 3 种方法，具体如下：

● 将现有的图层直接拖到遮罩层下面。
● 在遮罩层下面的任何地方创建一个新图层。
● 单击"修改/时间轴/图层属性"命令，弹出"图层属性"对话框，然后设置类型为"被遮罩"，单击"确定"按钮即可。

1.5.3　实现过程

1. 背景图片和水波纹元件

（1）单击桌面上的 图标，打开 Flash CS4 软件，单击"文件/新建"命令（快捷键：Ctrl+N），新建 Flash 文档。

（2）单击"文件/保存"命令（快捷键：Ctrl+S），保存文件名为"水波纹动画特效"，文件类型为"Flash CS4 文档（*.fla）"。

（3）单击"修改/文档"命令（快捷键：Ctrl+J），弹出"文档属性"对话框，设置尺寸大小为 600 像素×484 像素，帧频为 15fps，背景颜色为"白色"，单击"确定"按钮。

（4）导入图片。单击"文件/导入/导入到舞台"命令（快捷键：Ctrl+R），弹出"导入"对话框，选择要导入的图片，单击"打开"按钮，把图片导入到场景中，在"属性"面板中设置其 X 和 Y 坐标值都为 0，宽度为 600，高度为 484，如图 1-57 所示。

图 1-57　导入图片并设置其位置

（5）单击 按钮，新建图层 2，然后选择图层 1 中的第 1 帧，右击，在弹出的快捷菜单中单击"复制帧"命令，再选择图层 2 中的第 1 帧，右击，在弹出的快捷菜单中单击"粘贴帧"命令，即可把图层 1 中的图像复制到图层 2 中，如图 1-58 所示。

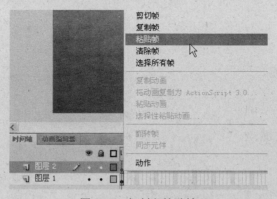

图 1-58　复制和粘贴帧

（6）单击"时间轴"面板中的 按钮，锁定图层 1 和图层 2，再单击 按钮，新建图层 3。

（7）单击工具箱中的椭圆工具 ，设置笔触颜色为"暗红色"，填充颜色为"无"，然后按下鼠标左键绘制椭圆，如图 1-59 所示。

图 1-59　绘制椭圆

（8）选择刚绘制的椭圆，按 Ctrl+C 键进行复制，再按 Shift+Ctrl+V 键，粘贴到原来的位置，再单击任意变形工具，改变其大小后效果如图 1-60 所示。

图 1-60　复制粘贴椭圆并改变其大小

（9）同理，复制多个椭圆并改变其大小，如图 1-61 所示。

图 1-61　复制多个椭圆并改变其大小

（10）单击图层 3 中的第 1 帧，选择所有椭圆，单击"修改/形状/将线条转换为填充"命令，这样椭圆边线就变成为填充，如图 1-62 所示。

图 1-62　将线条转换为填充

注意：为了实现水波纹效果，一定要把线条转换为填充，否则看不到水波纹效果。

（11）选择转换为填充后的椭圆，按 F8 键，弹出"转换为元件"对话框，设置名称为"水波纹"，类型为"图形"，如图 1-63 所示。

图 1-63　"转换为元件"对话框

（12）单击"确定"按钮，就可以创建水波纹元件了。

2．遮罩层动画

（1）选择图层 1 和图层 2 的第 110 帧，按 F5 键，插入帧。

（2）选择图层 3 的第 55 帧和第 110 帧，按 F6 键，插入关键帧，选择第 55 帧，改变水波纹元件的大小，如图 1-64 所示。

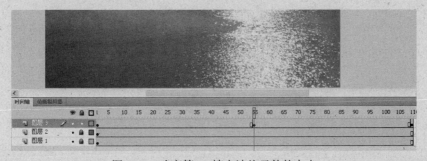

图 1-64　改变第 55 帧水波纹元件的大小

（3）选择图层 3 中第 1～55 帧中的任一帧，单击"插入/传统补间"命令，就创建了动画效果。

（4）同理，选择图层 3 中第 55～110 帧中的任一帧，单击"插入/传统补间"命令，也创建动画效果。

（5）选择图层 3，右击，在弹出的快捷菜单中单击"遮罩层"命令，就实现了遮罩层动画。

（6）这时按 Ctrl+Enter 键，测试动画，看不到动画效果，原因是图层 2 和图层 1 中的图像完全重合。

（7）单击图层 2 中的 按钮，解除对该层的锁定，然后选择该层中的图像，在"属性"面板中设置 X 和 Y 坐标值都为-10，如图 1-65 所示。

图 1-65　设置图像的 X 和 Y 坐标

（8）下面来测试动画。单击"控制/测试影片"命令（快捷键：Ctrl+Enter），就可以看到水波纹动画效果，如图 1-66 所示。

图 1-66　水波纹动画效果

（9）按 Ctrl+S 键，保存文件。

案例 1.6　风车动画特效

1.6.1　案例说明与效果

本案例是利用影片剪辑元件实现旋转的风车动画效果，运行后如图 1-67 所示。

图 1-67　风车动画特效

1.6.2　技术要点与分析

在设置旋转动画时，首先要调整动画旋转的中心点，然后可以在两个不同的关键帧中设置状态相同的图形，在创建补间动画后，只需在"属性"面板中设置动画旋转的方向即可。旋转动画共有两种：顺时针旋转和逆时针旋转，还可以设置要旋转的圈数。

1.6.3　实现过程

1．背景图片和风车元件

（1）单击桌面上的 图标，打开 Flash CS4 软件，单击"文件/新建"命令（快捷键：Ctrl+N），新建 Flash 文档。

（2）单击"文件/保存"命令（快捷键：Ctrl+S），保存文件名为"风车动画特效"，文件类型为"Flash CS4 文档（*.fla）"。

（3）单击"修改/文档"命令（快捷键：Ctrl+J），弹出"文档属性"对话框，设置尺寸大小为 550 像素×400 像素，帧频为 15fps，背景颜色为"白色"，单击"确定"按钮。

（4）导入图片。单击"文件/导入/导入到舞台"命令（快捷键：Ctrl+R），弹出"导入"对话框，选择要导入的图片，单击"打开"按钮，把图片导入到场景中，在"属性"面板中设置其 X 和 Y 坐标值都为 0，宽度为 550，高度为 400，如图 1-68 所示。

图 1-68   导入图片并设置其位置

（5）新建元件。单击"插入/新建元件"命令（快捷键：Ctrl+F8），弹出"创建新元件"对话框，设置元件名为"风车"，类型为"图形"，如图 1-69 所示。

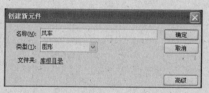

图 1-69   "创建新元件"对话框，

（6）单击"确定"按钮，就可以进入"风车"图形元件编辑界面。单击工具箱中的椭圆工具 ，设置笔触颜色为"黑色"，填充颜色为"蓝绿色"，按下鼠标左键绘制椭圆，如图 1-70 所示。

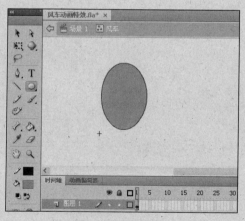

图 1-70   绘制椭圆

（7）单击工具箱中的选择工具 ，鼠标指向椭圆的边框，这时鼠标形状为 ，然后按下鼠标左键，就可以调整其形状，如图 1-71 所示。

（8）同理，再调整椭圆形状，最后选择并调整其中心点为元件的中心，如图 1-72 所示。

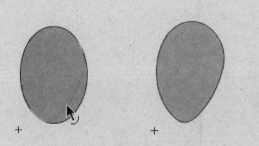

图 1-71 调整椭圆的形状

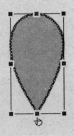

图 1-72 调整椭圆的中心点

（9）单击"窗口/变形"命令，打开"变形"面板，设置旋转角度为 60，多次单击 按钮，就可以旋转复制变形后的椭圆，如图 1-73 所示。

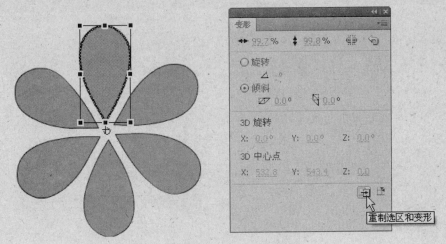

图 1-73 旋转复制变形后的椭圆

（10）这样，风车元件就编辑完成了。单击"场景 1"，返回到场景。

2. 风车旋转动画影片剪辑

（1）新建影片剪辑元件。单击"插入/新建元件"命令（快捷键：Ctrl+F8），弹出"创建新元件"对话框，设置元件名为"风车旋转动画"，类型为"影片剪辑"，如图 1-74 所示。

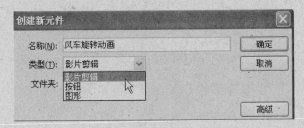

图 1-74 "创建新元件"对话框

（2）单击"确定"按钮，就进入影片剪辑元件编辑界面。单击"窗口/库"命令（快捷键：Ctrl+L），打开"库"面板，选择"风车"图形元件拖入到影片剪辑元件中，如图 1-75 所示。

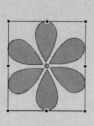

图 1-75　　"库"面板

（3）单击  按钮，新建图层 2，然后将该图层拖动到图层 1 的下方，如图 1-76 所示。

图 1-76　新建图层并调整其顺序

（4）单击工具箱中的直线工具 ，在"属性"面板中设置笔触宽度为 4，颜色为"黑色"，然后按 Shift 键，绘制垂直线条，如图 1-77 所示。

图 1-77　绘制线条

（5）选择图层 2 的第 40 帧，按 F5 键，插入帧；再选择图层 1 的第 40 帧，按 F6 键，插入关键帧。

（6）选择图层 1 中第 1～40 帧中的任一帧，单击"插入/传统补间"命令，在"属性"面板中设置"旋转"为"顺时针"，圈数为 1，这样就产生了旋转动画，如图 1-78 所示。

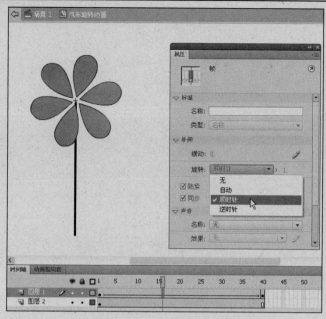

图 1-78　旋转动画

（7）这样，风车旋转动画影片剪辑就编辑完成了。单击"场景 1"，返回到场景。

3. 风车动画特效与测试

（1）单击"窗口/库"命令（快捷键：Ctrl+L），打开"库"面板，如图 1-79 所示。

（2）选择"风车旋转动画"影片剪辑元件，按下鼠标左键将其拖入到场景中，改变其大小及位置，如图 1-80 所示。

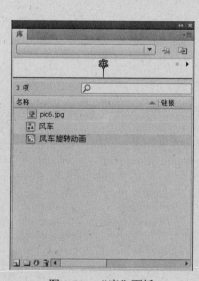

图 1-79　"库"面板

图 1-80　拖入"风车旋转动画"影片剪辑

（3）选择场景中的"风车旋转动画"影片剪辑，按 Ctrl+D 键，复制多个，调整它们的大小及位置后效果如图 1-81 所示。

图 1-81　复制"风车旋转动画"影片剪辑

（4）下面来测试动画。单击"控制/测试影片"命令（快捷键：Ctrl+Enter），可以看到风车动画特效，如图 1-82 所示。

图 1-82　旋转的风车效果

（5）按 Ctrl+S 键，保存文件。

本章小结

本章通过 6 个具体的案例讲解 Flash CS4 基础动画特效，即飞奔的骏马特效、电影胶片动画特效、采蜜动画特效、大雪纷飞特效、水波纹动画特效和风车动画特效。通过本章的学习，读者可以掌握 Flash CS4 基础动画创建的常用方法与技巧，从而设计出新颖有趣的动画效果。

第 2 章   图形动画特效

本章重点讲解 Flash CS4 强大的图形动画特效，即利用 Flash CS4 可以轻松制作帧帧动画、过渡动画、图形变形动画等，还可以利用 Action 代码控制影片剪辑元件动画特效，具体内容如下：

- ➢ 电子流特效
- ➢ 放大镜特效
- ➢ 图片 3D 旋转动画特效
- ➢ 随鼠标移动的旋转五角星
- ➢ 闪闪动画特效
- ➢ 图像液化动画特效

案例 2.1 电子流特效

2.1.1 案例说明与效果

本案例利用 Action 代码实现随机产生 0 或 1 数字，并动态复制多个影片剪辑及设置它们的大小、位置、不透明度等属性，从而产生电子流动画特效，如图 2-1 所示。

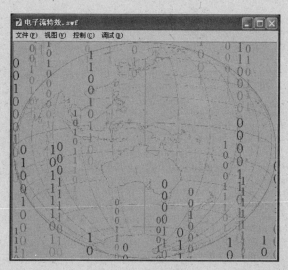

图 2-1 电子流特效

2.1.2 技术要点与分析

利用随机函数 Random()实现动态产生随机数，其语法结构如下：

```
public static function random():Number
```

该函数的返回值是一个伪随机数 n，其中 0≤n<1。因为该计算不可避免地包含某些非随机的成分，所以返回的数字以保密方式计算且为伪随机数。

利用影片剪辑元件的 duplicateMovieClip()方法可以动态复制影片剪辑，其语法结构如下：

```
duplicateMovieClip(target:MovieClip, newname:String, depth:Number) : Void
```

当 SWF 文件正在播放时，创建一个影片剪辑的实例。无论播放头在原始影片剪辑中处于什么位置，在重复的影片剪辑中，播放头始终从第 1 帧开始。原始影片剪辑中的变量不会复制到重复的影片剪辑中。使用 removeMovieClip()方法可以删除用 duplicateMovieClip() 创建的影片剪辑实例。

2.1.3 实现过程

1. 电子流特效背景

（1）双击桌面上的 图标，打开 Flash CS4 软件，单击"文件/新建"命令（快捷键：Ctrl+N），新建 Flash 文档。

（2）单击"文件/保存"命令（快捷键：Ctrl+S），保存文件名为"电子流特效"，文件类型为"Flash CS4 文档（*.fla）"。

（3）单击"修改/文档"命令（快捷键：Ctrl+J），弹出"文档属性"对话框，设置尺寸大小为 500 像素×400 像素，帧频为 48fps，背景为"橙色"，如图 2-2 所示。

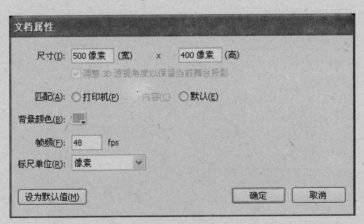

图 2-2　"文档属性"对话框

（4）单击"确定"按钮，这时效果如图 2-3 所示。

（5）导入素材。单击"文件/导入/导入到舞台"命令（快捷键：Ctrl+R），弹出"导入"对话框，如图 2-4 所示。

（6）选择要导入的素材后，单击"打开"按钮，把素材导入场景，然后调整其大小位置，如图 2-5 所示。

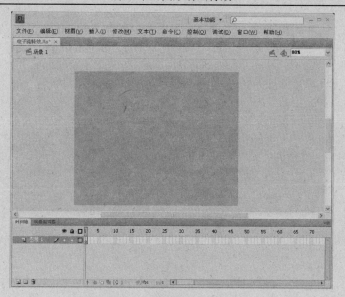

图 2-3　文档属性设置效果

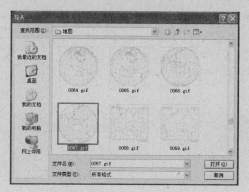

图 2-4　"导入"对话框

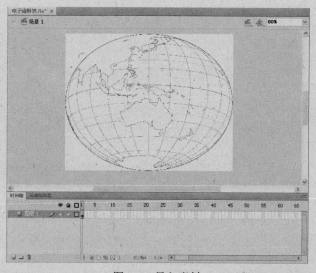

图 2-5　导入素材

（7）选择导入的素材，单击"修改/转换为元件"命令（快捷键：F8），弹出"转换为元件"对话框，如图 2-6 所示。

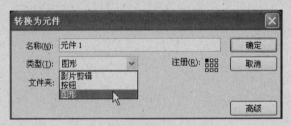

图 2-6　"转换为元件"对话框

（8）设置类型为"图形"，单击"确定"按钮，就把图像素材转换为图形元件了。

（9）单击"窗口/属性"命令（快捷键：Ctrl+F3），打开"属性"面板，设置"色彩效果"的样式为 Alpha，并设置不透明度为 30%，效果如图 2-7 所示。

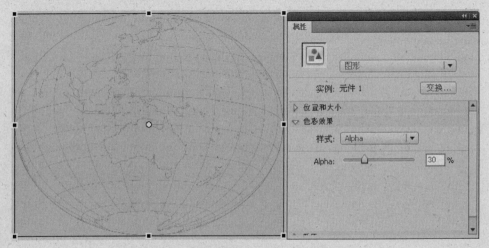

图 2-7　设置图形元件的 Alpha 值

2. 电子流影片剪辑

（1）插入影片剪辑元件。单击"插入/新建元件"命令（快捷键：Ctrl+F8），弹出"创建新元件"对话框，如图 2-8 所示。

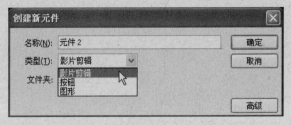

图 2-8　"创建新元件"对话框

（2）设置类型为"影片剪辑"，单击"确定"按钮。

（3）单击工具箱中的文字工具按钮 T ，在影片剪辑中单击，输入 0，并设置文字颜色为"暗红色"，如图 2-9 所示。

图 2-9　输入文字

（4）在"属性"面板中设置文字类型为"动态文本"，变量名为 num，如图 2-10 所示。

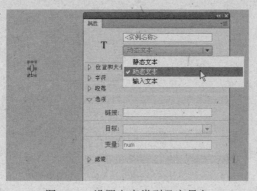

图 2-10　设置文字类型及变量名

（5）选择"时间轴"面板中图层 1 的第 1 帧，单击"窗口/动作"命令（快捷键：F9），弹出"动作"面板，然后添加代码，如图 2-11 所示。

图 2-11　"动作"面板

（6）具体代码如下：

```
num=random(2);    //随机产生 0 和 1 代码
```

（7）单击"时间轴"面板中的"场景 1"，返回场景。

（8）插入影片剪辑元件。单击"插入/新建元件"命令（快捷键：Ctrl+F8），弹出"创建新元件"对话框，如图 2-12 所示。

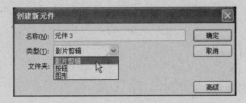

图 2-12   "创建新元件"对话框

（9）设置类型为"影片剪辑"，单击"确定"按钮。

（10）单击"窗口/库"命令（快捷键：Ctrl+L），打开"库"面板，然后把"元件 2"影片剪辑拖入到刚创建影片剪辑中，如图 2-13 所示。

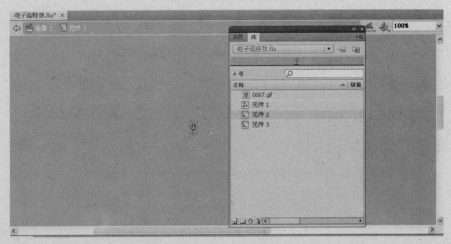

图 2-13   "库"面板

（11）在"属性"面板中设置刚拖入的影片剪辑名称为 myNum，如图 2-14 所示。

图 2-14   为影片剪辑命名

（12）选择"时间轴"面板中图层 1 的第 1 帧，单击"窗口/动作"命令（快捷键：F9），弹出"动作"面板，然后添加代码，如图 2-15 所示。

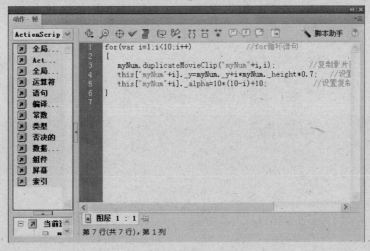

图 2-15　"动作"面板

（13）具体代码解释与说明如下：

```
for(var i=1;i<10;i++)                //for 循环语句
  {
  myNum.duplicateMovieClip("myNum"+i,i);          //复制影片剪辑元件
  this["myNum"+i]._y=myNum._y+i*myNum._height*0.7;   //设置复制的影片剪辑元件的 Y 坐标
  this["myNum"+i]._alpha=10*(10-i)+10;           //设置复制的影片剪辑元件的 Alpha 值
}
```

（14）单击"时间轴"面板中的"场景 1"，返回场景。

3、电子流动画特效的合成与测试

（1）单击"窗口/库"命令（快捷键：Ctrl+L），打开"库"面板。

（2）在"库"面板中选择影片剪辑元件 3，按下鼠标左键，将其拖入到场景中，并在"属性"面板中也为其命名为 myNum，如图 2-16 所示。

图 2-16　为影片剪辑命名

（3）选择影片剪辑，单击"窗口/动作"命令（快捷键：F9），弹出"动作"面板，然后添加代码，如图 2-17 所示。

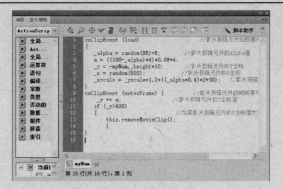

图 2-17 动作面板

（4）具体代码解释与说明如下：

```
onClipEvent (load)                    //影片剪辑元件加载事件
{
    _alpha = random(95)+5;            //影片剪辑元件的 Alpha 值
    a = ((100-_alpha)*4)*0.08+4;
    _y = -myNum._height*10;           //影片剪辑元件的 Y 坐标
    _x = random(500);                 //影片剪辑元件的 X 坐标
    _xscale = _yscale=1.2*((_alpha*0.4)*2+30);   //影片剪辑元件的 X 方向的缩放比例
}
onClipEvent (enterFrame) {            //影片剪辑元件的帧帧事件
    _y += a;                          //影片剪辑元件的 Y 坐标值
    if (_y>400)
    {                                 //如果影片剪辑元件的 Y 坐标值大于 400，则删除该影片剪辑
        this.removeMovieClip();
    }
}
```

（5）选择"时间轴"面板中图层 1 的第 1 帧，单击"窗口/动作"命令（快捷键：F9），弹出"动作"面板，然后添加代码，如图 2-18 所示。

图 2-18 "动作"面板

（6）具体代码解释与说明如下：

```
var n = 0;                           //定义变量 n，并赋值为 0
onEnterFrame = function ()
{
    myNum.duplicateMovieClip("ball"+n++, n);    //复制影片剪辑元件
```

```
    if(n>600){                    //如果 n 值大于 600，则重新赋值为 0
        n=0;
    }
};
```

（7）发布设置。单击"文件/发布设置"命令（快捷键：Ctrl+Shift+F12），弹出"发布设置"对话框，单击 Flash 选项卡，设置播放器为 Flash Player 10，设置脚本为 ActionScript 2.0，如图 2-19 所示。

（8）单击"确定"按钮，这样整个动画就制作完毕。按 Ctrl+Enter 键测试动画，动画运行后，就可以看到电子流效果，如图 2-20 所示。

图 2-19　"发布设置"对话框

图 2-20　电子流效果

（9）按 Ctrl+S 键，保存文件。

案例 2.2　放大镜特效

2.2.1　案例说明与效果

本案例利用鼠标移动事件实现放大镜随鼠标移动而移动，并且利用遮罩图层实现图像放大效果。运行后移动鼠标就可以看到放大镜动画效果，如图 2-21 所示。

图 2-21　放大镜特效

2.2.2　技术要点与分析

本案例利用 Mouse 对象的 Hide()方法实现鼠标的隐藏，具体代码如下：

```
Mouse.hide();        //隐藏鼠标指针
```

如果要显示鼠标指针，则要调用 Mouse 对象的 Show()方法，具体代码如下：

```
Mouse.Show();        //显示鼠标指针
```

为 Stage 对象添加鼠标移动事件，具体代码如下：

```
stage.addEventListener(MouseEvent.MOUSE_MOVE,redrawCursor);
```

鼠标移动事件调用 redrawCursor()方法，利用该方法可以实现遮罩放大镜影片剪辑元件随鼠标的移动而移动，并且实现放大镜效果。

```
function redrawCursor(event:MouseEvent):void
{
    pic.x = event.stageX;    //设置放大镜的 X 坐标为鼠标的 X 坐标
    pic.y = event.stageY;    //设置放大镜的 Y 坐标为鼠标的 Y 坐标
  this.pic.zoom.x=500-2*pic.x;    //设置放大图像的 X 坐标值
  this.pic.zoom.y=300-2*pic.y;    //设置放大图像的 Y 坐标值
}
```

在实现放大镜特效过程中，要注意放大图像的大小及位置，因为这与 ActionScript 代码中具体参数的设置相关。

2.2.3　实现过程

1．背景图片和放大镜元件

（1）双击桌面上的  图标，打开 Flash CS4 软件，单击"文件/新建"命令（快捷键：Ctrl+N），新建 Flash 文档。

（2）单击"文件/保存"命令（快捷键：Ctrl+S），保存文件名为"放大镜特效"，文件类型为"Flash CS4 文档（*.fla）"。

（3）单击"修改/文档"命令（快捷键：Ctrl+J），弹出"文档属性"对话框，设置尺寸大小为 500 像素×300 像素，帧频为 15fps，背景颜色为"白色"，单击"确定"按钮。

（4）导入图片。单击"文件/导入/导入到舞台"命令（快捷键：Ctrl+R），弹出"导入"对话框，选择要导入的图片，单击"打开"按钮，就可以把图片导入到场景中，然后在"属性"面板中设置其 X 和 Y 坐标值都为 0，宽度为 500，高度为 300，如图 2-22 所示。

图 2-22　导入图片

（5）新建元件。单击"插入/新建元件"命令（快捷键：Ctrl+F8），弹出"创建新元件"对话框，设置元件名为"放大镜"，类型为"图形"，如图 2-23 所示。

（6）单击"确定"按钮，就可以进入"放大镜"图形元件编辑界面。单击工具箱中的椭圆工具 ，设置笔触颜色为"橙色"，填充颜色为"无"，然后按 Shift 键就可以绘制圆了，如图 2-24 所示。

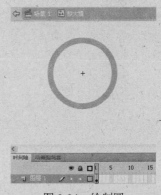

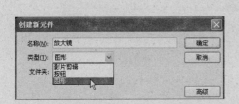

图 2-23　"创建新元件"对话框　　　　　　　　图 2-24　绘制圆

（7）同理，再绘制一个正圆和两个矩形，调整其位置后，如图 2-25 所示。

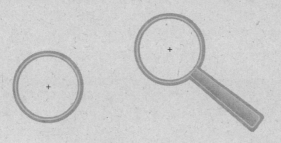

图 2-25　绘制一个正圆和两个矩形

（8）这样，"放大镜"元件就编辑完成了。单击"场景 1"，返回到场景。

2．放大图像和遮罩放大镜影片剪辑元件

（1）新建影片剪辑元件。单击"插入/新建元件"命令（快捷键：Ctrl+F8），弹出"创建新元件"对话框，设置元件名为"放大图像"，类型为"影片剪辑"，如图 2-26 所示。

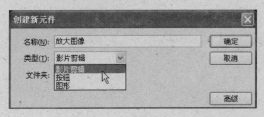

图 2-26　"创建新元件"对话框

（2）单击"确定"按钮，进入"放大图像"影片剪辑元件编辑界面。

（3）按 Ctrl+L 键，打开"库"面板，然后把图片拖入到"放大图像"影片剪辑元件中，在"属性"面板中设置 X 坐标值为-500，Y 坐标值为-300，宽度为 1000，高度为 600，如图 2-27 所示。

图 2-27　拖入图片并设置其大小及位置

（4）这样，"放大图像"元件就编辑完成了。单击"场景 1"，返回到场景。

（5）新建影片剪辑元件。单击"插入/新建元件"命令（快捷键：Ctrl+F8），弹出"创建新元件"对话框，设置元件名为"遮罩放大镜"，类型为"影片剪辑"，单击"确定"按钮，进入"遮罩放大镜"影片剪辑元件编辑界面。

（6）按 Ctrl+L 键，打开"库"面板，然后把"放大图像"影片剪辑元件拖入到"遮罩放大镜"影片剪辑元件中，在"属性"面板为其命名为 zoom，如图 2-28 所示。

图 2-28　为影片剪辑元件命名

注意：一定要为影片剪辑元件命名，因为在后面的 ActionScript 代码中要引用。

（7）单击"时间轴"面板中的 按钮，新建图层 2。把"库"面板中的"放大镜"图形元件拖入到"遮罩放大镜"影片剪辑元件中，如图 2-29 所示。

（8）单击"时间轴"面板中的 按钮，新建图层 3，选择该图层并按下鼠标左键拖到图层 2 的下方，再利用椭圆工具绘制一个圆，调整其位置后如图 2-30 所示。

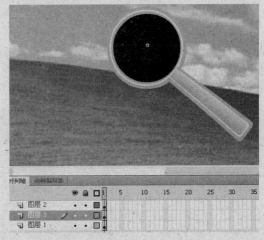

图 2-29　拖入"放大镜"图形元件　　　　　　　　图 2-30　新建图层并绘制圆

（9）选择图层 3，右击，在弹出的快捷菜单中单击"遮罩层"命令，就创建了遮罩效果，如图 2-31 所示。

（10）这样，"遮罩放大镜"影片剪辑元件就编辑完成了。单击"场景 1"，返回到场景。

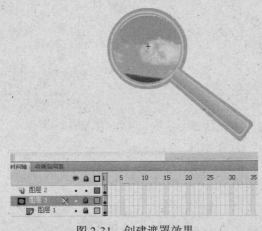

图 2-31　创建遮罩效果

3．放大镜动画与测试

（1）单击"时间轴"面板中的 ⬚ 按钮，新建图层 2，再把"库"面板中的"遮罩放大镜"影片剪辑元件拖入到场景中，最后在"属性"面板中设置其名称为 pic，如图 2-32 所示。

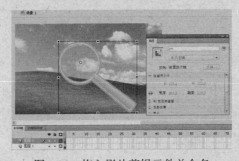

图 2-32　拖入影片剪辑元件并命名

（2）选择图层 1 和图层 2 的第 2 帧，按 F5 键，插入帧。

（3）单击"时间轴"面板中的 按钮，新建图层 3，再选择该图层的第 2 帧，按 F6 键，插入关键帧。

（4）添加 ActionScript 代码。选择图层 3 的第 1 帧，按 F9 键，打开"动作"面板，添加代码，如图 2-33 所示。

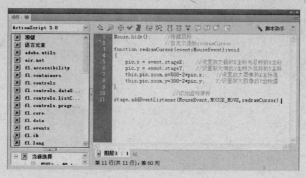

图 2-33   "动作"面板

（5）具体代码解释与说明如下：

```
Mouse.hide();        //隐藏鼠标
                     //自定义函数 redrawCursor()
function redrawCursor(event:MouseEvent):void
{
    pic.x = event.stageX;    //设置放大镜的 X 坐标为鼠标的 X 坐标
    pic.y = event.stageY;    //设置放大镜的 Y 坐标为鼠标的 Y 坐标
  this.pic.zoom.x=500-2*pic.x;    //设置放大图像的 X 坐标值
  this.pic.zoom.y=300-2*pic.y;    //设置放大图像的 Y 坐标值
}
                     //添加监听事件
stage.addEventListener(MouseEvent.MOUSE_MOVE,redrawCursor);
```

（6）选择图层 3 的第 2 帧，添加如下代码：

```
gotoAndPlay(1);        //跳转到第 1 帧并播放
```

（7）测试动画。单击"控制/测试影片"命令（快捷键：Ctrl+Enter），移动鼠标，可以看到放大镜下图像放大的效果，如图 2-34 所示。

图 2-34   放大的云彩效果

（8）按 Ctrl+S 键，保存文件。

案例 2.3　图片 3D 旋转动画特效

2.3.1　案例说明与效果

本案例主要利用遮罩和元件的不透明度来实现图片的 3D 旋转动画特效，运行后效果如图 2-35 所示。

图 2-35　图片 3D 旋转动画特效

2.3.2　技术要点与分析

实现图片 3D 旋转动画特效的过程是：首先制作一组图片的循环播放动画效果，再绘制三维圆柱并转换为图形元件，然后就可以利用三维圆柱对循环播放的图片进行遮罩，最后再添加一层，在该层中添加三维圆柱元件，并设置其不透明度。

2.3.3　实现过程

1. 旋转图片元件和圆柱元件

（1）单击桌面上的 图标，打开 Flash CS4 软件，单击"文件/新建"命令（快捷键：Ctrl+N），新建 Flash 文档。

（2）单击"文件/保存"命令（快捷键：Ctrl+S），保存文件名为"图片 3D 旋转动画特效"，文件类型为"Flash CS4 文档（*.fla）"。

（3）单击"修改/文档"命令（快捷键：Ctrl+J），弹出"文档属性"对话框，设置尺寸大小为 280 像素×360 像素，帧频为 15fps，背景颜色为"白色"，单击"确定"按钮。

（4）新建元件。单击"插入/新建元件"命令（快捷键：Ctrl+F8），弹出"创建新元件"对话框，设置名称为"旋转图片"，类型为"图形"，如图 2-36 所示。

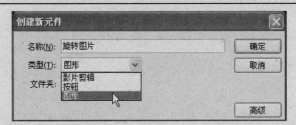

图 2-36   "创建新元件"对话框

（5）单击"确定"按钮，进入图形元件编辑界面，然后按 Ctrl+R 键，导入多张图片，调整它们的大小及位置，如图 2-37 所示。

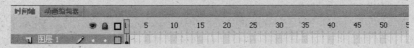

图 2-37   导入图片

（6）这样，"旋转图片"元件就编辑完成了。单击"场景 1"，返回到场景。

（7）单击工具箱中的矩形工具 ，设置笔触颜色为"暗红色"，填充颜色为"金黄色"，按下左键绘制矩形，如图 2-38 所示。

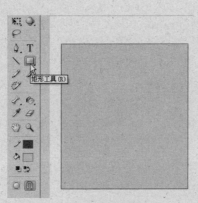

图 2-38   绘制矩形

（8）单击工具箱中的选择工具 ，移动鼠标到矩形的上边线，按下左键拖动，就可以调整其弧线，如图 2-39 所示。

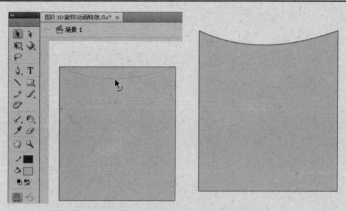

图 2-39　调整矩形弧线效果

（9）同理，再调整矩形下边线，然后单击工具箱中的椭圆工具 ，绘制椭圆，调整其位置后如图 2-40 所示。

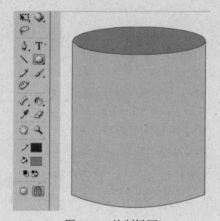

图 2-40　绘制椭圆

（10）按 Ctrl+A 键，选择圆柱，按 F8 键，弹出"转换为元件"对话框，设置名称为"圆柱"，类型为"图形"，如图 2-41 所示。

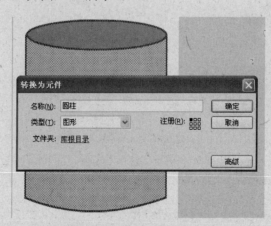

图 2-41　"转换为元件"对话框

（11）单击"确定"按钮，就成功创建了圆柱元件。

2．图片 3D 旋转动画制作与测试

（1）单击"时间轴"面板中的 ⨼ 按钮，新建图层 2，选择该图层并拖到图层 1 的下方。

（2）按 Ctrl+L 键，打开"库"面板，把"旋转图片"元件拖入到场景中，调整其位置后如图 2-42 所示。

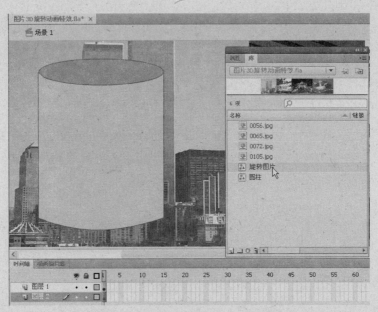

图 2-42　调整"旋转图片"元件的位置

（3）选择图层 1 的第 40 帧，按 F5 键，插入帧。

（4）选择图层 2 的第 40 帧，按 F6 键，插入关键帧，然后调整旋转图片元件的位置，如图 2-43 所示。

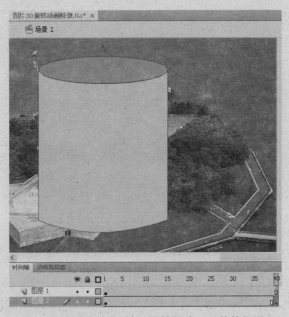

图 2-43　调整第 40 帧"旋转图片"元件的位置

（5）选择图层 2 中第 1～40 帧中的任一帧，单击"插入/传统补间"命令，就创建了动画。

（6）选择图层 1，右击，在弹出的快捷菜单中单击"遮罩层"命令，就创建了遮罩动画，如图 2-44 所示。

图 2-44　遮罩动画

（7）单击"时间轴"面板中的 ⅃ 按钮，新建图层 3，按 Ctrl+L 键，打开"库"面板，把"圆柱"元件拖入到场景中，调整其位置后如图 2-45 所示。

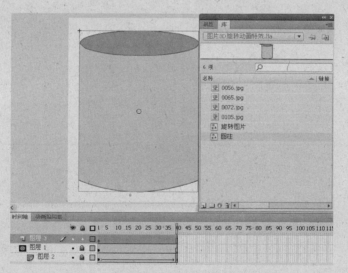

图 2-45　拖入圆柱元件

（8）选择刚拖入的"圆柱"元件，在"属性"面板中设置"样式"为 Alpha，其值为 60%，如图 2-46 所示。

（9）测试动画。单击"控制/测试影片"命令（快捷键：Ctrl+Enter），可以看到图片的 3D 旋转动画特效，如图 2-47 所示。

图 2-46   设置元件的不透明度

图 2-47   图片 3D 旋转动画特效

（10）按 Ctrl+S 键，保存文件。

案例 2.4   随鼠标移动的旋转五角星

2.4.1   案例说明与效果

本案例利用 ActionScript 代码实现随鼠标移动的旋转五角星效果，运行后，可以看到旋转的五角星，当移动鼠标时，五角星也随着移动，如图 2-48 所示。

图 2-48   随鼠标移动的旋转五角星

2.4.2   技术要点与分析

本案例首先制作旋转五角星影片剪辑，然后拖入到场景中并命名，再编写 ActionScript 代码，使影片剪辑元件随着鼠标的移动而移动。这时用到舞台的鼠标移动监听事件，具体代码如下：

```
stage.addEventListener(MouseEvent.MOUSE_MOVE,Myfunc);
```

注意该事件调整了 Myfunc 过程，具体代码如下：

```
function Myfunc(event:MouseEvent):void
{
 var mya :int        //定义变量
 mya = Math.random()*10 +12      //为变量赋随机值
```

```
    Myc.x =Myc.x + (event.stageX -Myc.x)/mya      //设置影片剪辑元件的 X 坐标值
    Myc.y = Myc.y + (event.stageY-Myc.y)/mya      //设置影片剪辑元件的 Y 坐标值
}
```

其中，Math.random()为随机函数，返回值为 0～1 之间的值。

2.4.3　实现过程

1. 动画背景和五角星元件

（1）单击桌面上的 图标，打开 Flash CS4 软件，单击"文件/新建"命令（快捷键：Ctrl+N），新建 Flash 文档。

（2）单击"文件/保存"命令（快捷键：Ctrl+S），保存文件名为"随鼠标移动的旋转五角星"，文件类型为"Flash CS4 文档（*.fla）"。

（3）单击"修改/文档"命令（快捷键：Ctrl+J），弹出"文档属性"对话框，设置尺寸大小为 400 像素×300 像素，帧频为 24fps，背景颜色为"白色"，单击"确定"按钮。

（4）单击工具箱中的矩形工具 ，设置笔触颜色为"无"，填充颜色为"蓝色"，按下鼠标左键绘制矩形，如图 2-49 所示。

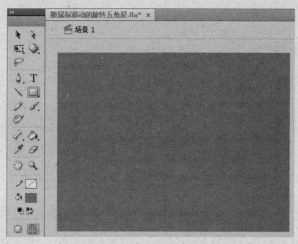

图 2-49　绘制矩形

（5）按 Shift+F9 键，打开"颜色"面板，然后设置"类型"为"线性"，渐变颜色设置及效果如图 2-50 所示。

图 2-50　渐变色设置及效果

（6）单击工具箱中的渐变变形工具 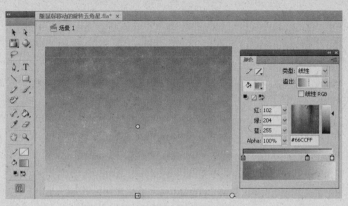，调整渐变色的角度与大小，如图 2-51 所示。

图 2-51　调整渐变色的角度与大小

（7）新建元件。单击"插入/新建元件"（快捷键：Ctrl+F8），弹出"创建新元件"对话框，设置名称为"五角星"，类型为"影片剪辑"，如图 2-52 所示。

（8）单击"确定"按钮，进入影片剪辑元件编辑界面，按 Ctrl+R 键，导入多张图片，调整它们的大小及位置，如图 2-53 所示。

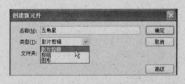

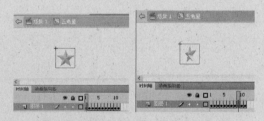

图 2-52　"创建新元件"对话框　　　　　　　　图 2-53　导入图片

（9）这样，"五角星"影片剪辑元件就编辑完成了。单击"场景 1"，返回到场景。

2. 随鼠标移动的动画制作与测试

（1）按 Ctrl+L 键，打开"库"面板，把"五角星"影片剪辑元件拖入到场景中，调整其位置后如图 2-54 所示。

图 2-54　拖入影片剪辑元件

（2）选择影片剪辑元件，在"属性"面板中设置其名称为 Myc，如图 2-55 所示。

图 2-55　为影片剪辑元件命名

（3）添加 ActionScript 代码。选择图层 1 的第 1 帧，按 F9 键，打开"动作"面板，添加代码，如图 2-56 所示。

图 2-56　"动作"面板

（4）具体代码解释与说明如下：

```
function Myfunc(event:MouseEvent):void
{
  var mya :int          //定义变量
  mya = Math.random()*10 +12      //为变量赋随机值
  Myc.x =Myc.x + (event.stageX -Myc.x)/mya      //设置影片剪辑元件的 X 坐标值
  Myc.y = Myc.y + (event.stageY-Myc.y)/mya      //设置影片剪辑元件的 Y 坐标值
}
                //添加舞台鼠标移动监听事件
stage.addEventListener(MouseEvent.MOUSE_MOVE,Myfunc);
```

（5）测试动画。单击"控制/测试影片"命令（快捷键：Ctrl+Enter），移动鼠标就可以看到随鼠标移动的五角星效果，如图 2-57 所示。

（6）按 Ctrl+S 键，保存文件。

图 2-57　随鼠标移动的五角星效果

案例 2.5　闪闪动画特效

2.5.1　案例说明与效果

本案例利用渐变线条遮罩实现闪闪动画效果，运行后效果如图 2-58 所示。

图 2-58　闪闪动画特效

2.5.2　技术要点与分析

本案例主要利用遮罩层实现闪闪动画特效，还介绍直线旋转复制技巧和直线转换为填充的技巧。

2.5.3　实现过程

1. 动画背景和五彩线条

（1）单击桌面上的 图标，打开 Flash CS4 软件，单击"文件/新建"命令（快捷键：Ctrl+N），新建 Flash 文档。

（2）单击"文件/保存"命令（快捷键：Ctrl+S），保存文件名为"闪闪动画特效"，文件类型为"Flash CS4 文档（*.fla）"。

（3）单击"修改/文档"命令（快捷键：Ctrl+J），弹出"文档属性"对话框，设置尺寸大小为 500 像素×500 像素，帧频为 15fps，背景颜色为"白色"，单击"确定"按钮。

（4）单击工具箱中的矩形工具 ，设置笔触颜色为"无"，填充颜色为"淡黄色"，按下鼠标左键绘制矩形，如图 2-59 所示。

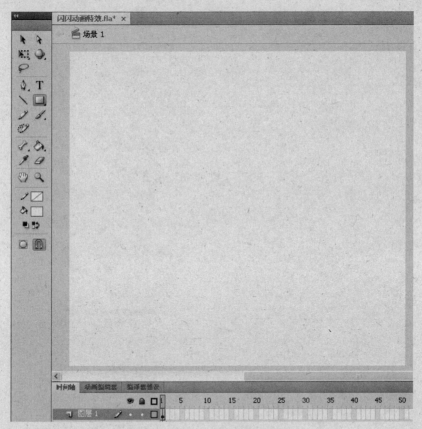

图 2-59　绘制矩形

（5）单击"时间轴"面板中的 按钮，锁定图层 1，再单击"时间轴"面板中的 按钮，新建图层 2。

（6）单击工具箱中的直线工具 ，在"属性"面板中设置颜色为"暗红色"，宽度为2，绘制直线，如图 2-60 所示。

（7）单击工具箱中的任意变形工具 ，选择直线并调整其中心点，如图 2-61 所示。

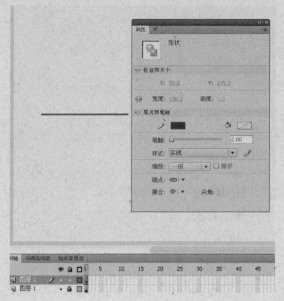

图 2-60　绘制直线

图 2-61　调整直线的中心点

（8）按 Ctrl+T 键，打开"变形"面板，设置旋转角度为 10，然后多次单击 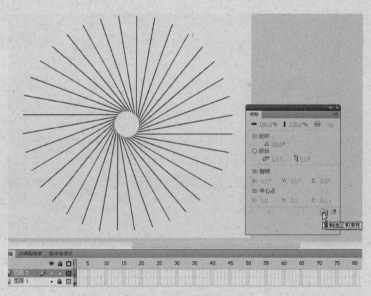 按钮，旋转复制多条直线，如图 2-62 所示。

图 2-62　旋转复制直线

（9）按 Ctrl+A 键，选择所有直线，单击"修改/形状/将线条转换为填充"命令，把直线转换为填充。

（10）按 Shift+F9 键，打开"颜色"面板，设置"类型"为"放射状"，具体颜色设置与效果如图 2-63 所示。

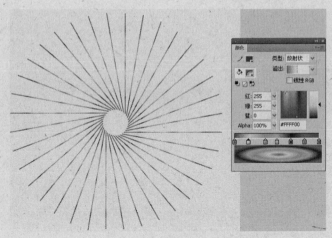

图 2-63　渐变色设置

2.　闪闪动画制作与测试

（1）单击"时间轴"面板中的 按钮，新建图层 3。

（2）选择图层 2 中的渐变线条，按 Ctrl+C 键进行复制，然后选择图层 3 中的第 1 帧，按 Ctrl+V 键进行粘贴，调整其位置后效果如图 2-64 所示。

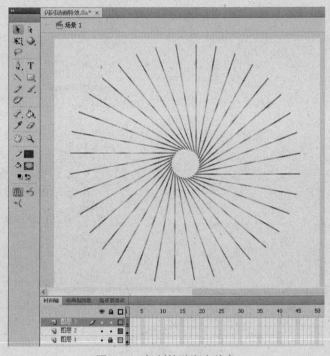

图 2-64　复制粘贴渐变线条

（3）单击图层 3 中的第 1 帧，选择该层中的渐变线条，单击"修改/变形/水平翻转"命令，水平翻转渐变直线，如图 2-65 所示。

图 2-65　水平翻转渐变直线

（4）选择图层 1 和图层 2 的第 40 帧，按 F5 键，插入帧。

（5）选择图层 3 的第 40 帧，按 F6 键，插入关键帧。选择图层 3 中第 1～40 帧中的任一帧，单击"插入/传统补间"命令，就创建了动画效果。

（6）按 Ctrl+F3 键，打开"属性"面板，设置"旋转"为"顺时针"，圈数为 3，如图 2-66 所示。

图 2-66　旋转动画

（7）选择图层 3，右击，在弹出的快捷菜单中单击"遮罩层"命令，创建遮罩动画。

（8）测试动画。单击"控制/测试影片"命令（快捷键：Ctrl+Enter），可以看到闪闪动画效果，如图 2-67 所示。

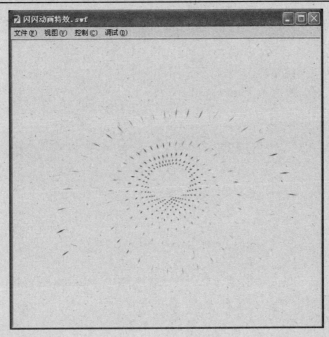

图 2-67　闪闪动画效果

（9）按 Ctrl+S 键，保存文件。

案例 2.6　图像液化动画特效

2.6.1　案例说明与效果

　　本案例利用 ActionScript 代码动态调用影片剪辑元件，从而实现图像液化动画特效。运行后移动鼠标就可以看到图像液化效果，如图 2-68 所示。

图 2-68　图像液化动画特效

2.6.2　技术要点与分析

　　首先把图片和遮罩圆转换为影片剪辑元件并命名，然后利用 ActionScript 代码调用，从而实现图像液化动画效果。

首先创建一个空的影片剪辑元件，并预设一个数量，这里为 20。

```
this.createEmptyMovieClip("theScene", this.getNextHighestDepth());
var maxImages:Number = 20;
```

然后创建一个函数来存放若干个遮照和图片。

```
var arrHolder:Object = new Object();        //创建一个对象用来存放这些遮罩和图片
arrHolder.pics_arr = new Array(0);          //存放图片
arrHolder.masks_arr = new Array(0);         //存放遮罩
for (var i = 1; i<maxImages; i++) {         //利用 for 循环来创建图片和遮罩
var dnm = "image" + i;
var mnm = "mask" + i;
            //创建两个对象，用来存放将要产生的遮罩和图片的属性
var    imgObj    =    {_x:image._x,    _y:image._y,    _xscale:100+(i*1.7),
_yscale:100+(i*1.7)};
var maskObj = {_xscale:Math.floor(100/i+3), _yscale:Math.floor(100/i+3),
_x:this._xmouse, _y:this._ymouse};
//创建两个对象，分别复制图片和遮罩，并将上面两个对象中存的属性赋给它们
var theDupedImage = image.duplicateMovieClip(dnm, theScene.getDepth()+ i,
imgObj);
var        theDupedMask        =        mask_mc.duplicateMovieClip(mnm,
theScene.getDepth()+(i*50), maskObj);
theDupedImage.setMask(theDupedMask);        //将遮罩应用于图片上
arrHolder.pics_arr.push(theDupedImage);     //将遮罩和图片存到上面创建的数组中
arrHolder.masks_arr.push(theDupedMask);
}
mask_mc._visible = false;       //隐藏 mask_mc 影片剪辑元件
return arrHolder;       //返回存放遮罩和图片的对象
};

            //创建函数使遮罩向鼠标靠近
makeWaves = function (masks_arr:Array) {
for (var i = masks_arr.length; i>0; i--) {
masks_arr[i]._x += (this._xmouse-masks_arr[i]._x)/maxImages*i;
masks_arr[i]._y += (this._ymouse-masks_arr[i]._y)/maxImages*i;
}
};

//创建函数用来执行上面创建的函数，并在每隔一帧时调用一次
this.liquefyImage = function(theImage:MovieClip){
var arrHolder:Object = dupeAndPlace(theImage);
onEnterFrame = function(){
makeWaves(arrHolder.masks_arr);
}
}
pic_mc.onRollOver = function(){    //当鼠标移动到图片上时调用的函数
liquefyImage(pic_mc);
}
```

2.6.3　实现过程

1. 美女和椭圆影片剪辑元件

（1）单击桌面上的![图标]图标，打开 Flash CS4 软件，单击"文件/新建"命令（快捷键：Ctrl+N），新建 Flash 文档。

（2）单击"文件/保存"命令（快捷键：Ctrl+S），保存文件名为"图像液化动画特效"，文件类型为"Flash CS4 文档（*.fla）"。

（3）单击"修改/文档"命令（快捷键：Ctrl+J），弹出"文档属性"对话框，设置尺寸大小为 230 像素×230 像素，帧频为 15fps，背景颜色为"白色"，单击"确定"按钮。

（4）导入图片。单击"文件/导入/导入到舞台"命令（快捷键：Ctrl+R），弹出"导入"对话框，选择要导入的图片，单击"打开"按钮，把图片导入到场景中，在"属性"面板中设置其 X 和 Y 坐标值都为 0，宽度为 230，高度为 230，如图 2-69 所示。

图 2-69　导入图片并设置其位置

（5）选择刚导入的图片，按 F8 键，弹出"转换为元件"对话框，设置名称为"美女"，类型为"影片剪辑"，如图 2-70 所示。

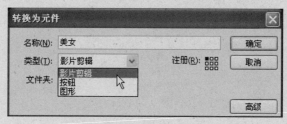

图 2-70　"转换为元件"对话框

（6）单击"确定"按钮，把图片转换为影片剪辑元件，在"属性"面板中为其命名为pic_mc，如图 2-71 所示。

图 2-71　为影片剪辑命名

（7）单击"时间轴"面板中的 按钮，新建图层 2。单击工具箱中的椭圆工具 ，设置笔触颜色为"无"，填充颜色为"红色"，按 Shift 键绘制圆，调整其位置后效果如图 2-72 所示。

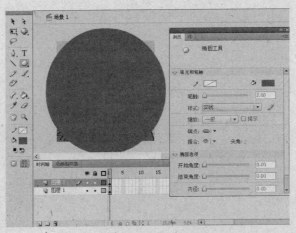

图 2-72　绘制圆

（8）选择刚导入的圆，按 F8 键，弹出"转换为元件"对话框，设置名称为"圆"，类型为"影片剪辑"，单击"确定"按钮，把其转换为影片剪辑元件。

（9）按 Ctrl+F3 键，打开"属性"面板，为"圆"影片剪辑元件命名为 mask_mc，如图 2-73 所示。

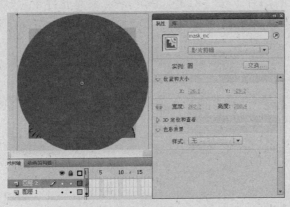

图 2-73　为"圆"影片剪辑元件命名

2. 添加 ActionScript 代码并测试动画

（1）单击"时间轴"面板中的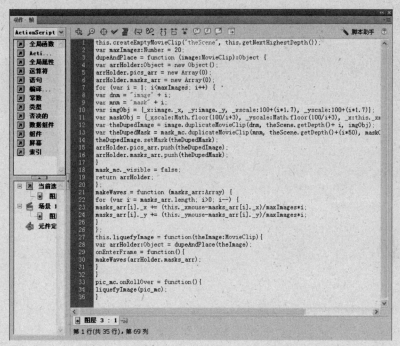按钮，新建图层 3，然后选择该层的第 1 帧，按 F9 键，打开"动作"面板，添加代码，如图 2-74 所示。

图 2-74　"动作"面板

（2）具体代码解释与说明如下：

```
this.createEmptyMovieClip("theScene", this.getNextHighestDepth());
    //创建空的影片剪辑元件
var maxImages:Number = 20;       //定义变量并赋值
dupeAndPlace = function (image:MovieClip):Object {
var arrHolder:Object = new Object();   //创建一个对象用来存放这些遮罩和图片
arrHolder.pics_arr = new Array(0);
arrHolder.masks_arr = new Array(0);
for (var i = 1; i<maxImages; i++) {    //利用 for 循环来创建图片和遮罩
var dnm = "image" + i;
var mnm = "mask" + i;
var imgObj = {_x:image._x, _y:image._y, _xscale:100+(i*1.7),
_yscale:100+(i*1.7)};
var maskObj = {_xscale:Math.floor(100/i+3), _yscale:Math.floor(100/i+3),
_x:this._xmouse, _y:this._ymouse};
var theDupedImage = image.duplicateMovieClip(dnm, theScene.getDepth()+ i,
imgObj);
var theDupedMask = mask_mc.duplicateMovieClip(mnm, theScene.getDepth()+(i*50),
maskObj);
theDupedImage.setMask(theDupedMask);
arrHolder.pics_arr.push(theDupedImage);
arrHolder.masks_arr.push(theDupedMask);
```

```
}
mask_mc._visible = false;      //隐藏 mask_mc 影片剪辑元件
return arrHolder;      //返回存放遮罩和图片的对象
};
                  //创建函数使遮罩向鼠标靠近
makeWaves = function (masks_arr:Array) {
for (var i = masks_arr.length; i>0; i--) {
masks_arr[i]._x += (this._xmouse-masks_arr[i]._x)/maxImages*i;
masks_arr[i]._y += (this._ymouse-masks_arr[i]._y)/maxImages*i;
}
};
//创建函数用来执行上面创建的函数，并在每隔一帧时调用一次
this.liquefyImage = function(theImage:MovieClip){
var arrHolder:Object = dupeAndPlace(theImage);
onEnterFrame = function(){
makeWaves(arrHolder.masks_arr);
}
}
pic_mc.onRollOver = function(){    //当鼠标移动到图片上时调用的函数
liquefyImage(pic_mc);
}
```

（3）发布设置。单击"文件/发布设置"命令（Ctrl+Shift+F12），弹出"发布设置"对话框，单击 Flash 选项卡，设置播放器为 Flash Player 10，设置脚本为 ActionScript 2.0，如图 2-75 所示。

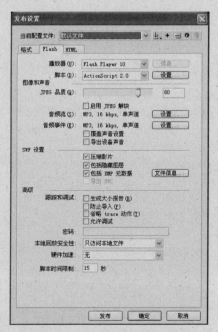

图 2-75 "发布设置"对话框

（4）测试动画。单击"控制/测试影片"命令（快捷键：Ctrl+Enter），移动鼠标就可以看到图像液化动画特效，如图 2-76 所示。

图 2-76　图像液化动画特效

（5）按 Ctrl+S 键，保存文件。

本章小结

　　本章通过 6 个具体的案例来讲解 Flash CS4 强大的图形动画编辑特效，即电子流特效、放大镜特效、图片 3D 旋转动画特效、随鼠标移动的旋转五角星、闪闪动画特效和图像液化动画特效。通过本章的学习，读者可以掌握 Flash CS4 图形动画编辑的常用方法与技巧，从而设计出新颖有趣的图形动画来。

第 3 章　按钮动画特效

本章重点讲解 Flash CS4 强大的按钮动画特效，即利用 Flash CS4 可以轻松制作交互性的网络动画特效，可以动态控制动画播放、影片剪辑元件的增加与删除、键盘监听等，具体内容如下：

➢　控制动画播放按钮
➢　友情链接图片按钮
➢　利用按钮增加和减少 GIF 动画
➢　利用隐藏按钮实现光标移动键功能
➢　监听键盘按钮动画

案例 3.1　控制动画播放按钮

3.1.1　案例说明与效果

本案例通过给不同的按钮添加 ActionScript 代码，从而实现动画播放的交互控制，即动画的播放、暂停、继续、重新播放功能。运行后单击"播放"按钮，可以看到淡入淡出的图像动画效果，如图 3-1 所示.。

图 3-1　利用按钮交互控制淡入淡出的动画效果

注意：鼠标指向按钮，可以看到按钮的背景色和文字颜色都发生了变化。单击"暂停"

按钮，可以暂停动画的播放；单击"继续"按钮，可以接着播放动画；单击"重播"按钮，可以重新播放动画。

3.1.2　技术要点与分析

首先制作淡入淡出的图像动画效果，再制作按钮并命名，然后就可以为按钮添加 ActionScript 代码。按钮添加 ActionScript 代码的格式如下：

```
function 函数名 (event:MouseEvent ):void
{
        //响应事件而执行的动作
}
```

按钮名.addEventListener(事件, 函数名);

首先，定义一个函数，指定为响应事件而要执行的动作的方法。接下来，调用按钮的 addEventListener()方法，实际上就是为指定事件"订阅"该函数，以便当该事件发生时，执行该函数的动作。

函数提供一种将若干个动作组合在一起、用类似于快捷名称的单个名称来执行这些动作的方法。函数与方法完全相同，只是不必与特定类关联。在创建事件处理函数时，必须选择函数名称，还必须指定一个参数。指定函数参数类似于声明变量，所以还必须指明参数的数据类型。将为每个事件定义一个 ActionScript 类，并且为函数参数指定的数据类型始终是与要响应的特定事件关联的类。最后，在左大括号与右大括号之间编写希望计算机在事件发生时执行的指令。

一旦编写了事件处理函数，就需要通知事件源对象。可通过调用该对象的 addEventListener() 方法来实现此目的。addEventListener()方法有两个参数：

第一个参数是希望响应的特定事件的名称。同样，每个事件都与一个特定类关联，而该类将为每个事件预定义一个特殊值；类似于事件自己的唯一名称。

第二个参数是事件响应函数的名称。要注意如果将函数名称作为参数进行传递，则在写入函数名称时不使用括号。

3.1.3　实现过程

1. 淡入淡出动画效果

（1）双击桌面上的 图标，打开 Flash CS4 软件，单击"文件/新建"命令（快捷键：Ctrl+N），新建 Flash 文档。

（2）单击"文件/保存"命令（快捷键：Ctrl+S），保存文件名为"控制动画播放按钮"，文件类型为"Flash CS4 文档（*.fla）"。

（3）单击"修改/文档"命令（快捷键：Ctrl+J），弹出"文档属性"对话框，设置尺寸大小为 400 像素×320 像素，帧频为 15fps，背景颜色为"白色"，单击"确定"按钮。

（4）导入图片。单击"文件/导入/导入到舞台"命令（快捷键：Ctrl+R），弹出"导入"对话框，选择要导入的图片，单击"打开"按钮，把图片导入到场景，在"属性"面板中设置其 X 和 Y 坐标值都为 0，宽度为 400，高度为 270，如图 3-2 所示。

（5）选择图片，按 F8 键，弹出"转换为元件"对话框，设置名称为"图像"，类型为"图形"，如图 3-3 所示。

图 3-2   导入图片

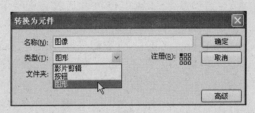

图 3-3   "转换为元件"对话框

（6）单击"确定"按钮，把图像转换为图形元件。选择时间轴中图层 1 中的第 30 帧和第 60 帧，按 F6 键，插入关键帧。

（7）选择第 30 帧中的图形元件，在"属性"面板中设置"样式"为 Alpha，其值为 10%，如图 3-4 所示。

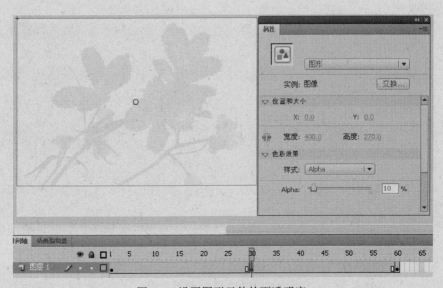

图 3-4   设置图形元件的不透明度

（8）选择图层 1 中第 1～30 帧中的任一帧，单击"插入/传统补间"命令，创建动画。

（9）同理，再创建第 30～60 帧的动画效果，如图 3-5 所示。

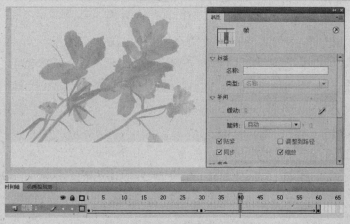

图 3-5　创建动画

（10）按 Ctrl+Enter 键，可以看到淡入淡出的图像动画效果。

2. 按钮的制作

（1）单击"时间轴"面板中的▣按钮，新建图层 2。

（2）单击工具箱中的矩形工具▢，在"属性"面板中设置填充色为"暗红色"，矩形的圆角半径为 20，按下鼠标左键绘制圆角矩形，如图 3-6 所示。

图 3-6　绘制矩形

（3）单击工具箱中的文本工具 **T**，设置文本类型为"静态文本"，字体系列为"华文新魏"，大小为 25，颜色为"白色"，然后输入文字"播放"，调整其位置后如图 3-7 所示。

图 3-7　输入文本

（4）选择刚绘制的圆角矩形，按 F8 键，弹出"转换为元件"对话框，设置名称为"圆角矩形"，类型为"按钮"，如图 3-8 所示。

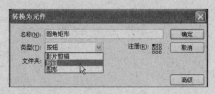

图 3-8   "转换为元件"对话框

（5）单击"确定"按钮，就创建了按钮元件，双击该元件，进入按钮元件编辑界面，如图 3-9 所示。

图 3-9   按钮元件编辑界面

（6）选择"指针经过"帧，右击，在弹出的快捷菜单中单击"插入关键帧"命令，插入关键帧，然后改变圆角矩形的颜色为"深黄色"，字体颜色为"红色"，如图 3-10 所示。

图 3-10   指针经过帧的效果

（7）单击"场景 1"，返回场景，在"属性"面板中为其命名为 myPlay，如图 3-11 所示。

图 3-11 为按钮命名

（8）同理，再制作并添加 3 个按钮，分别命名为 myPau、myCon 和 myRep，如图 3-12 所示。

图 3-12 添加按钮并命名

3. ActionScript 代码添加并测试

（1）单击"时间轴"面板中的 按钮，新建图层 3，选择该层的第 1 帧，单击"窗口/动作"命令（快捷键：F9），弹出"动作"面板，添加代码，如图 3-13 所示。

图 3-13 "动作"面板

（2）具体代码解释与说明如下：

```
stop() ;  //停止动画播放
function myFunc1(event:MouseEvent ):void
{
 nextFrame();  //播放下一帧
 play() ;
}
       //添加"播放"按钮的单击监听事件
myPlay.addEventListener(MouseEvent.CLICK ,myFunc1);
function myFunc2(event:MouseEvent ):void
{
 stop() ;   //暂停
}
       //添加"暂停"按钮的单击监听事件
myPau.addEventListener(MouseEvent.CLICK ,myFunc2);
function myFunc3(event:MouseEvent ):void
{
 play() ;    //继续播放
}
       //添加"继续"按钮的单击监听事件
myCon.addEventListener(MouseEvent.CLICK ,myFunc3);
function myFunc4(event:MouseEvent ):void
{
 gotoAndPlay(2) ;    //重新播放
}
       //添加"重播"按钮的单击监听事件
myRep.addEventListener(MouseEvent.CLICK ,myFunc4);
```

（3）测试动画。单击"控制/测试影片"命令（快捷键：Ctrl+Enter），单击"播放"按钮，可以看到淡入淡出图像动画效果，单击"暂停"按钮，可以暂停动画播放，如图 3-14所示。

图 3-14　控制动画播放按钮特效

（4）单击"继续"按钮，可以接着播放动画，单击"重播"按钮，可以重新播放动画。

案例 3.2　友情链接图片按钮

3.2.1　案例说明与效果

本案例利用 URLRequest 对象及 navigateToURL()方法实现图片按钮的超链接。运行后移动鼠标到图片上，就可以听到悦耳的声音并且图片变大，如图 3-15 所示。

图 3-15　友情链接图片按钮

单击不同的图片按钮，就会跳转到不同的网站首页，在这里单击 Google 图片，就会跳转到 Google 网站首页，如图 3-16 所示。

图 3-16　Google 网站首页

3.2.2　技术要点与分析

本案例主要讲解图片按钮的设计制作及如何为按钮添加声音特效，并且简单介绍声音文件的编辑，然后利用 URLRequest 对象及 navigateToURL()方法实现图片按钮的超链接，具体代码如下：

```
function myFunc1(event:MouseEvent ):void
{
        //定义 URLRequest 对象实例
 var myURL :URLRequest = new URLRequest("http://www.baidu.com") ;
 navigateToURL(myURL);   //调用 navigateToURL()方法
}
        //添加按钮鼠标单击事件监听
```

```
myBut1.addEventListener(MouseEvent.CLICK ,myFunc1) ;
```

URLRequest 对象可捕获单个 HTTP 请求中的所有信息。URLRequest 对象将传递给 Loader、URLStream 和 URLLoader 对象的 load()方法和其他加载操作，以便启动 URL 下载。这些对象还将传递给 FileReference 对象的 upload()方法和 download()方法。

navigateToURL()方法可以在包含 Flash Player 播放器的应用程序（通常是一个浏览器）中打开或替换一个窗口，其语法结构如下：

```
public function navigateToURL(request:URLRequest, window:String = null):void
```

参数的意义如下：

request:URLRequest：表示一个 URLRequest 对象，指定要导航到哪个 URL。

window:String (default = null)：表示浏览器窗口或 HTML 帧，用于显示 request 参数指定的文档。可以输入某个特定窗口的名称，或使用以下值之一：

1）"_self"：指定当前窗口中的当前帧。

2）"_blank"：指定一个新窗口。

3）"_parent"：指定当前帧的父级。

4）"_top"：指定当前窗口中的顶级帧。

3.2.3 实现过程

1. 声音的导入和图像按钮

（1）单击桌面上的 图标，打开 Flash CS4 软件，单击"文件/新建"命令（快捷键：Ctrl+N），新建 Flash 文档。

（2）单击"文件/保存"命令（快捷键：Ctrl+S），保存文件名为"友情链接图片按钮"，文件类型为"Flash CS4 文档（*.fla）"。

（3）单击"修改/文档"命令（快捷键：Ctrl+J），弹出"文档属性"对话框，设置尺寸大小为 400 像素×60 像素，帧频为 15fps，背景颜色为"白色"，单击"确定"按钮。

（4）导入图片。单击"文件/导入/导入到舞台"命令（快捷键：Ctrl+R），弹出"导入"对话框，选择要导入的多张图片，单击"打开"按钮，把这些图片导入到场景，调整它们的位置后效果如图 3-17 所示。

图 3-17　导入图片

（5）选择第 1 张图片，按 F8 键，弹出"转换为元件"对话框，设置名称为"百度"，类型为"按钮"，如图 3-18 所示。

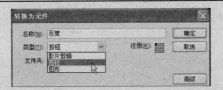

图 3-18　"转换为元件"对话框

（6）单击"确定"按钮，创建按钮元件，双击该元件，进入按钮元件编辑界面，如图
3-19 所示。

图 3-19　按钮元件编辑界面

（7）选择"指针经过"帧，右击，在弹出的快捷菜单中单击"插入关键帧"命令，插
入关键帧，然后按 Shift 键，等比例缩放图片，如图 3-20 所示。

图 3-20　指针经过帧

（8）导入声音。单击"文件/导入/导入到舞台"命令（快捷键：Ctrl+R），弹出"导入"
对话框，选择要导入的声音文件，单击"打开"按钮，导入声音文件。

（9）导入的声音文件并不在场景中。按 Ctrl+L 键，打开"库"面板，可以看到导入的
声音文件，将其拖入到场景中，如图 3-21 所示。

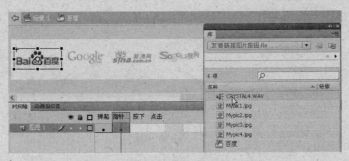

图 3-21　添加声音

（10）这样，当鼠标指针指向"百度"按钮时，就可以听到悦耳的声音。

（11）编辑声音。按 Ctrl+F3 键，打开"库"面板，设置"同步"为"开始"，如图 3-22 所示。

图 3-22　设置声音同步参数

（12）单击"效果"后的 ✏ 按钮，弹出"编辑封套"对话框，设置"效果"为"淡入"，再通过中间标尺中的滑块调整声音播放的时间长短，如图 3-23 所示。

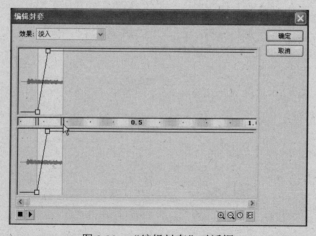

图 3-23　"编辑封套"对话框

（13）单击"确定"按钮，完成对声音文件的编辑。单击"场景 1"，返回场景。

（14）同理，再把其他图片转换为按钮元件，并添加声音，这里不再重复。

2．ActionScript 代码添加与测试

（1）选择"百度"按钮元件，在"属性"面板中为其命名为 myBut1，如图 3-24 所示。

图 3-24　为按钮命名

（2）同理，再为其他按钮元件命名，分别为 myBut2、myBut3 和 myBut4。

（3）单击"时间轴"面板中的 按钮，新建图层 2，选择该层的第 1 帧，按 F9 键，打开"动作"面板，添加代码，如图 3-25 所示。

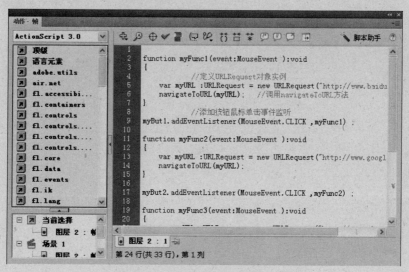

图 3-25 "动作"面板

（4）具体代码解释与说明如下：

```
function myFunc1(event:MouseEvent ):void
{
        //定义 URLRequest 对象实例
 var myURL :URLRequest = new URLRequest("http://www.baidu.com") ;
 navigateToURL(myURL);   //调用 navigateToURL()方法
}
        //添加按钮鼠标单击事件监听
myBut1.addEventListener(MouseEvent.CLICK ,myFunc1) ;
function myFunc2(event:MouseEvent ):void
{
 var myURL :URLRequest = new URLRequest("http://www.google.cn") ;
 navigateToURL(myURL);
}
myBut2.addEventListener(MouseEvent.CLICK ,myFunc2) ;

function myFunc3(event:MouseEvent ):void
{
 var myURL :URLRequest = new URLRequest("http://www.sina.com.cn") ;
 navigateToURL(myURL);
}
myBut3.addEventListener(MouseEvent.CLICK ,myFunc3) ;
function myFunc4(event:MouseEvent ):void
{
 var myURL :URLRequest = new URLRequest("http://www.sogou.com") ;
```

```
    navigateToURL(myURL);
    }
    myBut4.addEventListener(MouseEvent.CLICK ,myFunc4) ;
```

（5）测试动画。单击"控制/测试影片"命令（快捷键：Ctrl+Enter），移动鼠标到图片上，会发现图片变大并且可以听到声音，如图 3-26 所示。

图 3-26　友情链接图片按钮

（6）单击图片按钮后，可以跳转到相应的网站首页，如图 3-27 所示。

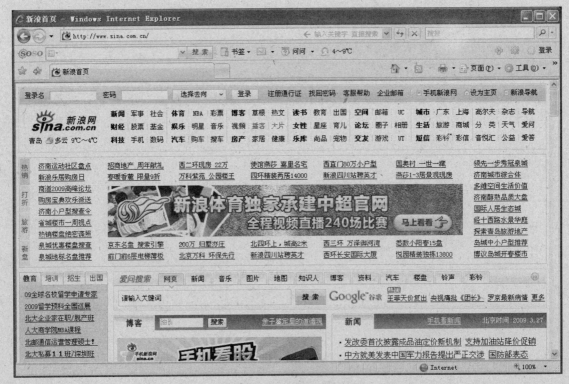

图 3-27　新浪网站首页

案例 3.3　利用按钮增加和减少 GIF 动画

3.3.1　案例说明与效果

本案例通过给按钮和影片剪辑元件添加代码，实现动态增加和减少 GIF 动画的功能，并且鼠标指向影片剪辑元件时，按下鼠标左键就可以调整其位置。动画运行后，如图 3-28 所示。

　　单击"增加 GIF 动画"按钮，可以增加 GIF 动画的个数，按下鼠标左键调整其位置后如图 3-29 所示。

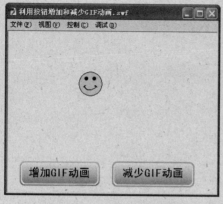

图 3-28　动画运行效果　　　　　　　　　图 3-29　增加 GIF 动画

　　本案例 GIF 动画最多为 10 个。如果要减少 GIF 动画个数，单击"减少 GIF 动画"按钮即可，注意 GIF 动画最少为 1 个。

3.3.2　技术要点与分析

　　为了实现影片剪辑元件的拖动功能，这里用到了 startDrag()方法，该方法的语法结构有 3 种，具体如下：

```
startDrag(target);
startDrag(target,[lock]);
startDrag(target,[lock],[left,top,right,down]);
```

各参数的意义如下：

● target：要实现拖动的对象，一般为影片剪辑名称。

● Lock：以布尔值（true,false）判断对象是否锁定鼠标光标中心点，当布尔值为 true 时，影片剪辑的中心点锁定鼠标光标的中心点。

● left,top,right,down：对象在场景上可拖拽的上下左右边界，当 lock 为 true 时，才能设置边界参数。

　　利用 startDrag()方法可以拖动影片剪辑，利用 stopDrag()方法就可以实现停止拖动影片剪辑的功能。

　　利用 duplicateMovieClip()方法可以复制影片剪辑元件，其语法结构如下：

```
duplicateMovieClip(target, newname, depth)
```

各参数的意义如下：

● target：要直接复制的影片剪辑的目标路径。

● Newname：已直接复制的影片剪辑的唯一标识符。

● Depth：已直接复制的影片剪辑的唯一深度级别。深度级别表示直接复制的影片剪辑的堆叠顺序。这种堆叠顺序很像时间轴中图层的堆叠顺序；较低深度级别的影片剪辑隐藏在较高深度级别的剪辑之下。必须为每个直接复制的影片剪辑指定唯一的深度级别，使其不会覆盖已占用的深度级别上的现有影片剪辑。

3.3.3　实现过程

1．按钮和 GIF 动画

（1）单击桌面上的 ![图标] 图标，打开 Flash CS4 软件，单击"文件/新建"命令（快捷键：Ctrl+N），新建 Flash 文档。

（2）单击"文件/保存"命令（快捷键：Ctrl+S），保存文件名为"利用按钮增加和减少 GIF 动画"，文件类型为"Flash CS4 文档（*.fla）"。

（3）单击"修改/文档"命令（快捷键：Ctrl+J），弹出"文档属性"对话框，设置尺寸大小为 400 像素×300 像素，帧频为 24fps，背景颜色为"白色"，单击"确定"按钮。

（4）单击"窗口/公用库/按钮"命令，打开"公用库"面板，选择 rounded blue 按钮，按下鼠标左键将其拖入到场景中，调整其大小及位置后如图 3-30 所示。

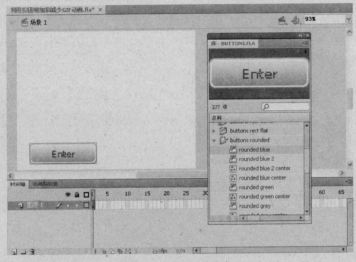

图 3-30　拖入公用按钮

（5）修改公用按钮属性。双击场景中的按钮，进入按钮编辑页面，这时会发现 Text 层被锁定，单击该层中的 🔒 按钮解锁，然后修改按钮标签文字为"增加 GIF 动画"，如图 3-31 所示。

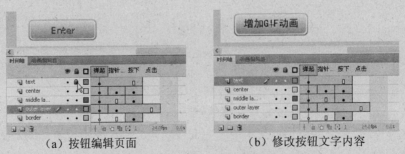

（a）按钮编辑页面　　　　　　　（b）修改按钮文字内容

图 3-31　修改按钮标签属性

（6）单击"场景 1"，返回场景，然后再添加 rounded green 按钮，调整其大小及位置后，修改其标签文字为"减少 GIF 动画"，如图 3-32 所示。

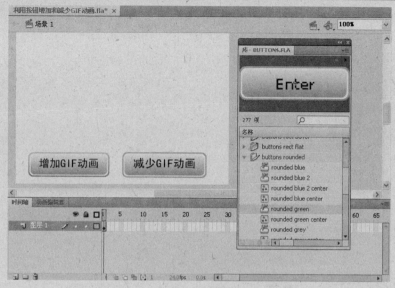

图 3-32 添加 rounded green 按钮

（7）新建影片剪辑元件。单击"插入/新建元件"命令（快捷键：Ctrl+F8），弹出"创建新元件"对话框，设置类型为"影片剪辑"，设置类型为"影片剪辑"，如图 3-33 所示。

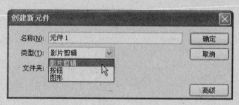

图 3-33 创建新元件对话框

（8）单击"确定"按钮，进入影片剪辑元件编辑界面，如图 3-34 所示。

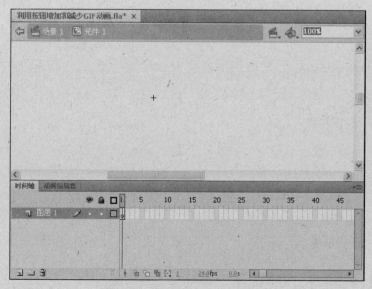

图 3-34 影片剪辑元件编辑界面

（9）导入 GIF 动画。单击"文件/导入/导入到舞台"命令（快捷键：Ctrl+R），弹出"导入"对话框，选择要导入的 GIF 动画，单击"打开"按钮，把 GIF 导入到影片剪辑中，调整位置后效果如图 3-35 所示。

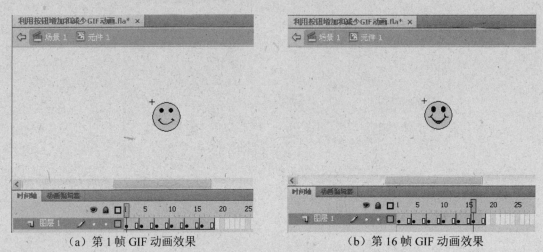

　　（a）第 1 帧 GIF 动画效果　　　　　　　　　（b）第 16 帧 GIF 动画效果

图 3-35　GIF 动画

（10）单击"场景 1"，返回场景。单击"窗口/库"命令（快捷键：Ctrl+L），打开"库"面板，然后将前面创建的影片剪辑元件拖入到场景中，如图 3-36 所示。

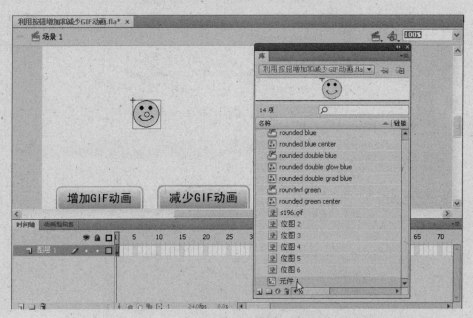

图 3-36　把影片剪辑元件拖入到场景中

2.　ActionScript 代码添加与测试

（1）首先为影片剪辑元件命名，然后为按钮添加代码，实现动态增加和减少 GIF 动画的功能。

（2）选择场景中的影片剪辑元件，然后在"属性"面板中为其命名为 myFace，如图 3-37 所示。

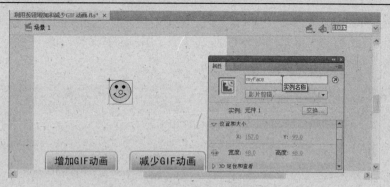

图 3-37　为影片剪辑元件实例命名

（3）选择"时间轴"面板中的第 1 帧，按 F9 键，弹出"动作"面板，添加如下代码：

```
stop() ;        //动画停止在第 1 帧
i=1 ;           //定义变量 i，并赋值为 1
```

（4）选择 myFace 影片剪辑元件实例，按 F9 键，弹出"动作"面板，添加如下代码：

```
on(press)               //影片剪辑元件实例按下事件
{
  this.startDrag(true);       //开始拖动
}
on(release)             //影片剪辑元件实例释放事件
{
  stopDrag();               //停止拖动
}
```

（5）选择"增加 GIF 动画"按钮，按 F9 键，弹出"动作"面板，添加如下代码：

```
on(release)             //按钮单击事件
{
  if (i<10)             //影片剪辑元件实例的数量不能超过 10
  {
      i++;
      duplicateMovieClip("myFace", "myFace"+i, i); //复制影片剪辑实例
      setProperty("myFace"+i, _x, random(400)+60); //设置影片剪辑元件实例的 x 坐标值
      setProperty("myFace"+i, _y, random(300));     //设置影片剪辑元件实例的 Y 坐标值
  }
}
```

（6）选择"减少 GIF 动画"按钮，按 F9 键，弹出"动作"面板，添加如下代码：

```
on(release)
{
  if(i>=1)           //影片剪辑元件实例的个数大于 1
  {
      removeMovieClip("myFace"+i);     //删除影片剪辑元件实例
      i-- ;
  }
}
```

注意： 本实例的 GIF 动画最多为 10 个，最少为 1 个。如果想修改 GIF 动画的个数，可以自行修改代码。

（7）测试动画。单击"控制/测试影片"命令（快捷键：Ctrl+Enter），运行动画，单击"增加 GIF 动画"按钮，可以增加 GIF 动画的个数，鼠标指向 GIF 动画并按下，可以通过拖动调整其位置，如图 3-38 所示。

（a）鼠标指向 GIF 动画　　　　　　　　（b）按下鼠标调整其位置

图 3-38　增加 GIF 动画个数并调整其位置

（8）单击"减少 GIF 动画"按钮，可以动态减少 GIF 动画个数。

案例 3.4　利用隐藏按钮实现光标移动键功能

3.4.1　案例说明与效果

本案例是一款测试键盘上光标移动键的小动画，动画运行后，按下键盘上的某个光标移动键，就会一点一点移动相应的箭头，并在下面有相应的提示信息，如图 3-39 所示。也可以将鼠标指向相应的箭头单击，也可以向相应的方向移动箭头，并显示相应的提示信息，如图 3-40 所示。

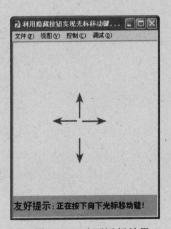
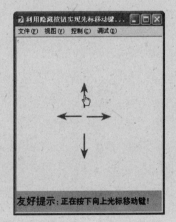

图 3-39　动画运行效果　　　　　　　　图 3-40　单击箭头

3.4.2　技术要点与分析

本案例利用隐藏按钮的单击和指定键按下事件实现测试键盘上光标移动键的功能，即按下键盘上不同的光标移动键，则 Flash 界面中对应的光标移动键就会跟着移动，并且利用动态文本显示相应的提示信息，具体代码如下：

```
on (press,keyPress "<Right>")          //按下向右光标移动键
{
  _root.keybutton.right.play();        //right 影片剪辑元件播放
  myStats = "正在按下向右光标移动键！" ;   //动态提示信息
}
```

3.4.3 实现过程

1. 提示信息和影片剪辑动画

（1）单击桌面上的 图标，打开 Flash CS4 软件，单击"文件/新建"命令（快捷键：Ctrl+N），新建 Flash 文档。

（2）单击"文件/保存"命令（快捷键：Ctrl+S），保存文件名为"利用隐藏按钮实现光标移动键功能"，文件类型为"Flash CS4 文档（*.fla）"。

（3）单击"修改/文档"命令（快捷键：Ctrl+J），弹出"文档属性"对话框，设置尺寸大小为 300 像素×350 像素，帧频为 24fps，背景颜色为"白色"，单击"确定"按钮。

（4）单击工具箱中的矩形工具 ，在场景中绘制矩形并填充金黄色，调整其大小及位置后如图 3-41 所示。

图 3-41 绘制矩形

（5）单击工具箱中的文字工具 **T**，在场景中输入"友好提示："，设置字体系列为"黑体"，字体大小为 20，调整其位置后如图 3-42 所示。

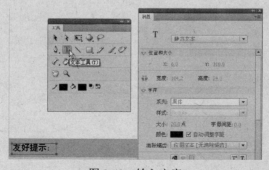

图 3-42 输入文字

（6）单击工具箱中的文字工具 T，在场景中单击，设置文本类型为"动态文本"，字体大小为 16 点，如图 3-43 所示。

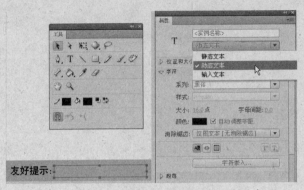

图 3-43　动态文本

（7）为了在 Action 代码中调用动态文本，还要为其命名变量名，在这里设置变量名为 myStats，如图 3-44 所示。

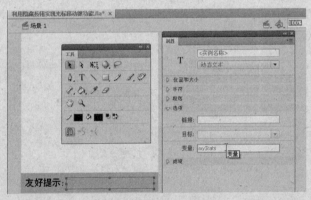

图 3-44　为动态文本命名

（8）制作影片剪辑动画元件。单击"插入/新建元件"命令（快捷键：Ctrl+F8），弹出"创建新元件"对话框，设置类型为"影片剪辑"，如图 3-45 所示。单击"确定"按钮，进入影片剪辑元件编辑界面。

（9）指向输入法中的圖按钮，右击，弹出如图 3-46 所示的菜单。

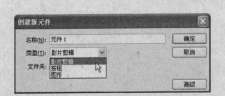

图 3-45　"创建新元件"对话框

图 3-46　右键菜单

（10）在弹出的菜单中单击"特殊符号"，这时会弹出"特殊符号"面板，如图 3-47 所示。

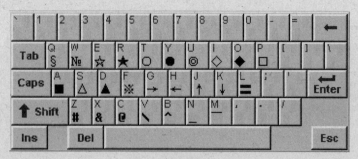

图 3-47　"特殊符号"面板

（11）单击"右箭头"，然后设置文字大小为 88 点，字体颜色为"红色"，调整位置后如图 3-48 所示。

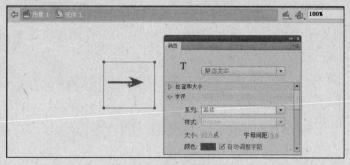

图 3-48　右箭头

（12）为了制作动画效果，还要将输入的箭头转换为影片剪辑元件。选择箭头，单击"修改/转换成元件"命令（快捷键：F8），弹出"转换为元件"对话框，如图 3-49 所示。

（13）设置类型为"影片剪辑"，单击"确定"按钮，然后双击该影片剪辑，在第 2～10 帧都插入 1 个关键帧，每一帧都向右移动一点右箭头，如图 3-50 所示。

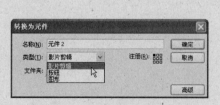

图 3-49　"转换为元件"对话框　　　　　图 3-50　插入关键帧并调整每帧的箭头位置

（14）选择第 1 帧，按 F9 键，弹出"动作"面板，添加如下代码：

```
stop();
```

（15）同理，在第 2～10 帧的每一帧上都添加同样的代码，添加方法同上，这里不再重复。

（16）单击"时间轴"面板中的元件 1，返回影片剪辑元件 1 的编辑区域，选择右箭头影片剪辑，在"属性"面板中设置其名为 right，如图 3-51 所示。

（17）选择影片影辑元件，复制粘贴 1 个，然后通过旋转改变其方向，并为其命名为 up，如图 3-52 所示。

图 3-51　为影片剪辑命名

图 3-52　复制影片剪辑元件

（18）同理，再复制 2 个，进行角度旋转，为它们分别命名为 left 和 down，如图 3-53 所示。

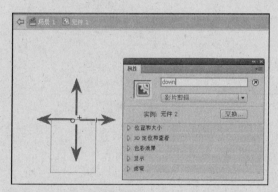

图 3-53　复制两个影片剪辑元件并命名

（19）单击"时间轴"面板中的"场景 1"，返回场景。

（20）单击"窗口/库"命令（快捷键：Ctrl+L），打开"库"面板，把前面创建的影片剪辑元件 1 拖入到场景中，如图 3-54 所示。

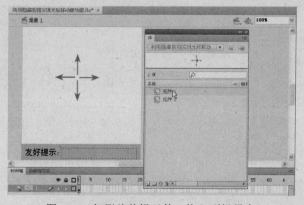

图 3-54　把影片剪辑元件 1 拖入到场景中

（21）为影片剪辑元件命名。选择场景中的影片剪辑元件，在"属性"面板中为其命名为 keybutton，如图 3-55 所示。

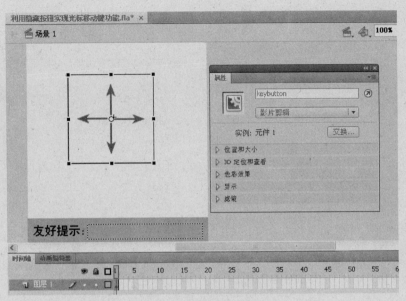

图 3-55　为影片剪辑元件命名

2. 隐藏按钮

（1）单击"时间轴"面板中的插入图层 按钮，插入图层 2。

（2）单击"插入/新建元件"（快捷键：Ctrl+F8），弹出"创建新元件"对话框，如图 3-56 所示。

（3）设置类型为"按钮"，单击"确定"按钮，进入按钮元件编辑界面。选择"点击"帧，右击，在弹出的快捷菜单中单击"插入空白关键帧"命令，如图 3-57 所示。

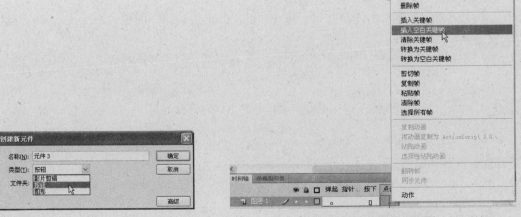

图 3-56　"创建新元件"对话框　　　　　图 3-57　插入空白关键帧

（4）单击工具箱中的矩形工具 ，在场景中绘制矩形并填充红色，调整其大小及位置后如图 3-58 所示。

图 3-58   绘制矩形

（5）单击"时间轴"面板中的"场景 1"，返回场景。

（6）单击"窗口/库"命令（快捷键：Ctrl+L），打开"库"面板，选择按钮元件 3 并拖入到场景中，调整位置后如图 3-59 所示。

（7）选择隐藏按钮，复制 3 个，然后调整它们的位置，如图 3-60 所示。

图 3-59   隐藏按钮

图 3-60   复制隐藏按钮

3. ActionScript 代码添加与测试

（1）选择"右侧"的隐藏按钮，按 F9 键，弹出"动作"面板，添加该按钮的键盘按下事件代码，具体如下：

```
on (press,keyPress "<Right>")              //按下向右光标移动键
{
  _root.keybutton.right.play();            //right 影片剪辑元件播放
    myStats = "正在按下向右光标移动键！" ;    //动态提示信息
}
```

（2）选择"上侧"的隐藏按钮，按 F9 键，弹出"动作"面板，添加该按钮的键盘按下事件代码，具体如下：

```
on (press,keyPress "<Up>")
{
  _root.keybutton.up.play();
    myStats = "正在按下向上光标移动键！" ;
}
```

（3）选择"左侧"的隐藏按钮，按 F9 键，弹出"动作"面板，添加该按钮的键盘按下

事件代码，具体如下：

```
on (press,keyPress "<Left>")
{
 _root.keybutton.left.play();
   myStats = "正在按下向左光标移动键！" ;
}
```

（4）选择"下侧"的隐藏按钮，按 F9 键，弹出"动作"面板，添加该按钮的键盘按下事件代码，具体如下：

```
on (press,keyPress "<Down>")
{
 _root.keybutton.down.play();
   myStats = "正在按下向下光标移动键！" ;
}
```

（5）测试动画。单击"控制/测试影片"命令（快捷键：Ctrl+Enter），运行动画，按下不同的光标移动箭头，就会移动其对应的箭头并显示相应的提示信息，如图 3-61 所示。

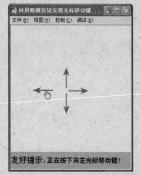 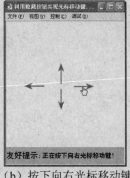

（a）按下向左光标移动键　　　　（b）按下向右光标移动键

图 3-61　利用隐藏按钮实现光标移动键功能

案例 3.5　监听键盘按钮动画

3.5.1　案例说明与效果

本案例是一款监听键盘输入的动画，动画运行后，按下键盘上的不同键，会在动画中显示按下的不同键，如图 3-62 所示。

 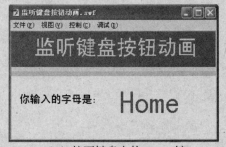

（a）按下键盘上的 Delete 键　　　　　（b）按下键盘上的 Home 键

图 3-62　输入不同的键的效果

3.5.2　技术要点与分析

本案例利用数组和 If 条件语句实现监听键盘按钮的功能。数组是一种编程元素，它用作一组项目的容器。通常，数组中的所有项目都是相同类的实例，但这在 ActionScript 中并不是必需的。

在 ActionScript 中，数组的第一个索引始终是数字 0，且添加到数组中的每个后续元素的索引以 1 为增量递增。数组使用无符号 32 位整数作为索引号。数组的最大值为 4,294,967,295。如果要创建的数组大小超过最大值，则会出现运行时错误。数组元素的值可以为任意数据类型。

创建索引数组共有 3 种方式：

（1）如果调用不带参数的构造函数 Array()，会得到空数组，具体代码如下：

```
myArray = new Array();         //创建空数组
```

（2）如果将一个数字用作 Array()构造函数的唯一参数，则会创建长度等于此数值的数组，并且每个元素的值都设置为 undefined。参数必须为介于值 0~4,294,967,295 之间的无符号整数，具体代码如下：

```
myArray = new Array(5);                  //定义长度为 5 的数组
```

（3）如果调用构造函数并传递一个元素列表作为参数，将创建具有与每个参数对应的元素的数组，具体代码如下：

```
letterkeys=new  Array('A','B','C','D','E','F','G','H','I','J','K','L','M','N',
'O','P','Q','R','S','T','U','V','W','X','Y','Z');
```

在 ActionScript 中，If 条件语句的语法结构如下：

```
if（条件表达式）
{
  语句块 1；
}
else
{
  语句块 2；
}
```

执行过程为：先判断条件表达式的值，如果为 true 则执行 if 内部语句，否则执行 else 内部语句。

if 语句中可以嵌套 if 语句，如果语句块只有一句，则可以省略大括号{}。

If 条件语句还可以写成如下格式：

```
if（条件表达式）
{
  语句块 1；
}
else if （条件表达式）
{
  语句块 2；
}
……
else
{
```

```
    语句块 n；
}
```

这种 if 条件语句，从上到下进行判断，有其中一个条件成立，则 if 条件语句结束。

3.5.3　实现过程

1. 动画界面设计

（1）单击桌面上的 图标，打开 Flash CS4 软件，单击"文件/新建"命令（快捷键：Ctrl+N），新建 Flash 文档。

（2）单击"文件/保存"命令（快捷键：Ctrl+S），保存文件名为"监听键盘按钮动画"，文件类型为"Flash CS4 文档（*.fla）"。

（3）单击"修改/文档"命令（快捷键：Ctrl+J），弹出"文档属性"对话框，设置尺寸大小为 400 像素×200 像素，帧频为 24fps，背景颜色为"白色"，单击"确定"按钮。

（4）单击工具箱中的矩形工具 ，在场景中绘制矩形并填充红色，调整其大小及位置后如图 3-63 所示。

（5）同理，再绘制两个矩形，分别填充金黄色和黄色，调整它们的大小及位置后如图 3-64 所示。

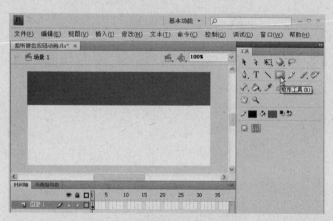

图 3-63　绘制矩形并填充红色

图 3-64　绘制两个矩形

（6）单击工具箱中的文字工具 **T**，在场景中输入"监听键盘按钮动画"，然后设置字体类型为"黑体"，字体大小为 40 点，调整其位置后如图 3-65 所示。

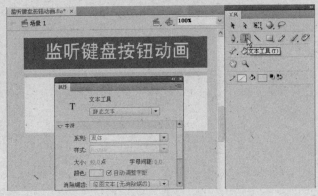

图 3-65　输入文字

（7）在场景中输入说明性文字，美化后如图 3-66 所示。

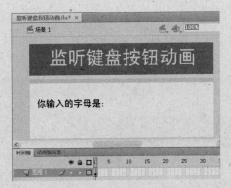

图 3-66　说明性文字

（8）单击工具箱中的文字工具 **T**，设置文字类型为"动态文字"，颜色为"红色"，大小为 60 点，变量名为 keyletter，如图 3-67 所示。

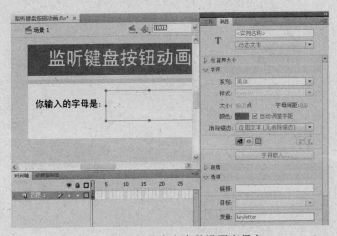

图 3-67　添加动态文本并设置变量名

2．影片剪辑元件及 Action 代码的添加

（1）单击"插入/新建元件"命令（快捷键：Ctrl+F8），弹出"创建新元件"对话框，如图 3-68 所示。

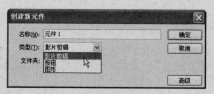

图 3-68　"创建新元件"对话框

（2）设置类型为"影片剪辑"，单击"确定"按钮。在该案例中，该影片剪辑元件没有什么内容，只是用来添加代码来监听键盘输入的，所以在这里就是一个空的影片剪辑。

（3）单击"时间轴"面板中的"场景 1"，返回场景。

（4）单击"窗口/库"命令（快捷键：Ctrl+L），打开"库"面板，选择影片剪辑元件1，按下鼠标左键，将其拖入到场景中，如图 3-69 所示。

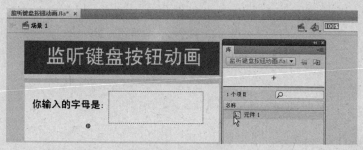

图 3-69　"库"面板

（5）选择刚拖入的影片剪辑元件 1，按 F9 键，弹出"动作"面板，添加影片剪辑加载事件代码，具体如下：

```
onClipEvent(load)                    //影片剪辑加载事件
{                                    //定义字母数组
letterkeys=new  Array('A','B','C','D','E','F','G','H','I','J','K','L','M','N',
'O','P','Q','R','S','T','U','V','W','X','Y','Z');
                                     //定义数字数组
numberkeys=new Array('0','1','2','3','4','5','6','7','8','9');
numpadkeys=new  Array('0','1','2','3','4','5','6','7','8','9','*','+','Enter',
'-','.','/');
                                     //定义功能键数组
functionkeys=new     Array('F1','F2','F3','F4','F5','F6','F7','F8','F9','F10',
'F11','F12');
                                     //定义光标移动键数组
otherkeys=new  Array('Space','Page Up','Page Down','End','Home','Left','Up',
'Right','Down');
}
```

（6）同理，添加影片剪辑的键盘按下事件代码，具体如下：

```
onClipEvent(keyDown)             //影片剪辑的键盘按下事件
{
```

```
keyletter=Key.getCode();                    //得到按下键的 ASCII 码
if(keyletter>=65 and keyletter<=90){        //根据 ASCII 码的不同，显示其相对应的
                                            //字母或数字信息
_root.keyletter=letterkeys[keyletter-65];
}
if(keyletter>=48 and keyletter<=57){
_root.keyletter=numberkeys[keyletter-48];
}
if(keyletter>=96 and keyletter<=11){
_root.keyletter=numpadkeys[keyletter-96];
}
if(keyletter>=112 and keyletter<=123){
_root.keyletter=functionkeys[keyletter-112];
}
if(keyletter>=32 and keyletter<=40){
_root.keyletter=otherkeys[keyletter-32];
}
if(keyletter==8){                           //如果 ASCII 码为 8，则为 Backspace 键
_root.keyletter="Backspace";
}
if(keyletter==9){                           //如果 ASCII 码为 9，则为 Tab 键
_root.keyletter="Tab";
}
if(keyletter==12){
_root.keyletter="CLear";
}
if(keyletter==13){                          //如果 ASCII 码为 13，则为 Enter 键
_root.keyletter="Enter";
}
if(keyletter==16){                          //如果 ASCII 码为 16，则为 Shift 键
_root.keyletter="Shift";
}
if(keyletter==17){                          //如果 ASCII 码为 17，则为 Ctrl 键
_root.keyletter="Control";
}
if(keyletter==18){
_root.keyletter="Alt";
}
if(keyletter==20){
_root.keyletter="Caps Lock";
}
if(keyletter==27){                          //如果 ASCII 码为 27，则为 Esc 键
_root.keyletter="ESC";
}
if(keyletter==45){
_root.keyletter="Insert";
}
```

```
if(keyletter==46){
_root.keyletter="Delete";
}
if(keyletter==47){
_root.keyletter="Help";
}
if(keyletter==144){
_root.keyletter="Num Lock";
}
if(keyletter==186){
_root.keyletter=";:";
}
if(keyletter==187){
_root.keyletter="=+";
}
if(keyletter==189){
_root.keyletter="-_";
}
if(keyletter==191){
_root.keyletter="/?";
}
if(keyletter==192){
_root.keyletter="@";
}
if(keyletter==219){
_root.keyletter="[{";
}
if(keyletter==220){
_root.keyletter="\\|";
}
if(keyletter==221){
_root.keyletter="]}";
}
}
```

（7）测试动画。单击"控制/测试影片"命令（快捷键：Ctrl+Enter），运行动画，按下键盘上不同的键，会在动态文本框中显示键盘上的该键字母，如图 3-70 所示。

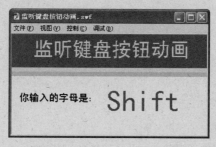

图 3-70 按下键盘上的 Shift 键

本章小结

　　本章通过 5 个具体的案例讲解 Flash CS4 强大的按钮动画编辑功能，即控制动画播放按钮、友情链接图片按钮、利用按钮增加和减少 GIF 动画、利用隐藏按钮实现光标移动键功能和监听键盘按钮动画。通过本章的学习，读者可以掌握 Flash CS4 制作交互式动画特效的常用方法与技巧，从而设计出功能强大的交互式动画特效来。

第 4 章　文字动画特效

本 章 重 点

本章重点讲解 Flash CS4 强大的文字动画特效，即利用 Flash CS4 可以轻松制作放大文字效果、余影文字效果、鼠标跟随文字效果等，具体内容如下：

➤　余影文字特效

➤　鼠标随动文字特效

➤　遮罩放大文字特效

➤　会员登录特效

案例 4.1　余影文字特效

4.1.1　案例说明与效果

本案例是一个余影图案文字动画效果，动画运行后，可以看到图案文字的多层余影效果，如图 4-1 所示.。

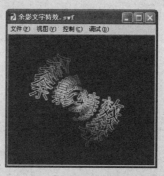

图 4-1　余影文字特效

4.1.2　技术要点与分析

本案例首先导入图像并进行分离操作，然后输入文字，进行两次分离，之后利用吸管工具和填充工具为文字填充图案，从而制作图案文字。利用渐变变形工具可以对图案文字进行填充修改，具体如下：

● 利用圆形按钮，可以旋转图案。

● 利用带有箭头的方形按钮，可以缩放图案。

● 利用不带箭头的方形按钮，可以倾斜图案。

接下来利用多个图层制作图案文字余影动画效果。

4.1.3　实现过程

1. 图案文字

（1）双击桌面上的 图标，打开 Flash CS4 软件，单击"文件/新建"命令（快捷键：Ctrl+N），新建 Flash 文档。

（2）单击"文件/保存"命令（快捷键：Ctrl+S），保存文件名为"余影文字特效"，文件类型为"Flash CS4 文档（*.fla）"。

（3）单击"修改/文档"命令（快捷键：Ctrl+J），弹出"文档属性"对话框，设置尺寸大小为 300 像素×300 像素，帧频为 24fps，背景颜色为"暗红色"，单击"确定"按钮。

（4）导入图片。单击"文件/导入/导入到舞台"命令（快捷键：Ctrl+R），弹出"导入"对话框，选择要导入的图片，单击"打开"按钮，把图片导入到场景，如图 4-2 所示。

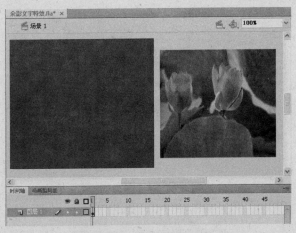

图 4-2　导入图片

（5）分离图片。选择图片，单击"修改/分离"命令（快捷键：Ctrl+B），分离图片，这样图片就可以填充到文字中了。

（6）单击工具箱中的文字工具 T ，在场景中单击，输入"余影特效"，文字系列设置为"黑体"，字体大小为 50 点，如图 4-3 所示。

图 4-3　输入文字

（7）分离文字。选择文字，单击"修改/分离"命令（快捷键：Ctrl+B），就可以把场景中的文字变成 4 个单独文字，如图 4-4 所示。

（8）为了把图像填充到文字中，还要再分离一次文字，即把单个文字变成像素图像，如图 4-5 所示。

图 4-4　分离文字　　　　　　　　　　图 4-5　把单个文字变成像素图像

（9）单击工具箱中的吸管工具 ，单击已分离的图片，这时鼠标变形了 ，指向文字，单击填充文字，这时效果如图 4-6 所示。

图 4-6　图案文字

（10）单击工具箱中的渐变变形工具 ，进一步修改图案填充效果，具体修改后的效果如图 4-7 所示。

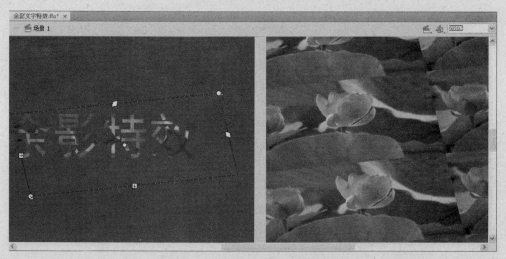

图 4-7　修改图案填充效果

提醒： 在修改图案填充效果时，利用圆形按钮可以旋转图案；利用带有箭头的方形按钮可以缩放图案；利用不带箭头的方形按钮可以倾斜图案。

（11）图案文字设置好后，选择图片，按 Delete 键删除。

（12）单击工具箱中的墨水瓶工具 ，设置边框颜色为"白色"，为图案文字添加白色边框，如图 4-8 所示。

图 4-8　为图案文字添加边框

2. 余影文字动画

（1）选择图案文字，单击"修改/转换为元件"命令（快捷键：F8），弹出"转换为元件"对话框，设置类型为"图形"，如图 4-9 所示。

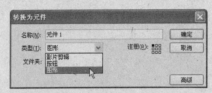

图 4-9　"转换为元件"对话框

（2）单击"确定"按钮。选择元件，在"属性"面板中设置样式为 Alpha，不透明度设为 35%，如图 4-10 所示

图 4-10　设置不透明度为 35%

（3）选择"时间轴"面板中图层 1 的第 1 帧，按下鼠标移动到第 10 帧，如图 4-11 所示。这是为了制作余影效果必须进行的操作。

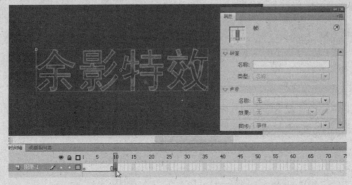

图 4-11　把图层 1 的第 1 帧移动到第 10 帧

（4）选择该层中的第 76 帧，右击，在弹出的快捷菜单中单击"插入关键帧"命令，这样就可以在第 76 帧插入一个关键帧，如图 4-12 所示。

图 4-12　插入关键帧

（5）选择图层 1 中的第 10～76 帧中的任一帧，右击，在弹出的快捷菜单中单击"创建传统补间"命令，然后在"属性"面板中设置"旋转"为"逆时针"，次数为 1，如图 4-13所示。

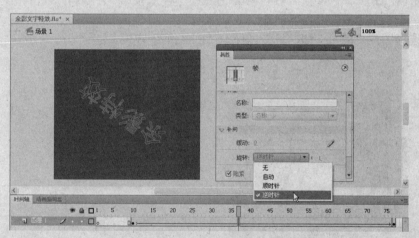

图 4-13　在图层 1 上创建动画

（6）新建图层。单击"时间轴"面板中的 按钮，新建图层 2。

（7）选择图层 2 的第 7 帧，右击，在弹出的快捷菜单中单击"插入空白关键帧"命令，再选择图层 1 的第 10～76 帧，如图 4-14 所示。

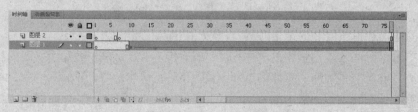

图 4-14　新建图层并选择图层中的帧

（8）右击，在弹出的快捷菜单中单击"复制帧"命令，然后选择图层 2 的第 7 帧，右击，在弹出的快捷菜单中单击"粘贴帧"命令，这时效果如图 4-15 所示。

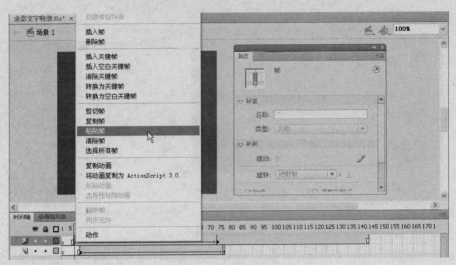

图 4-15　复制帧和粘贴帧

（9）这样在图层 2 中从第 7～144 帧都有图像了，选择第 77～144 帧，右击，在弹出的快捷菜单中单击"删除帧"命令，即删除多余的帧。

（10）选择图层 2 的第 7 帧，设置元件的 Alpha 值为 45%，如图 4-16 所示。

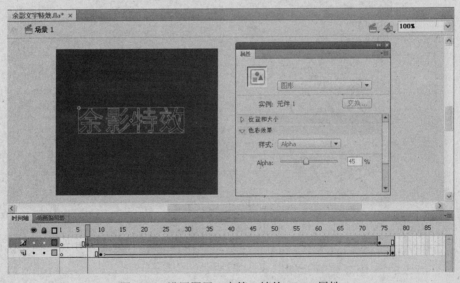

图 4-16　设置图层 2 中第 7 帧的 Alpha 属性

（11）同理，选择图层 2 的第 74 帧，设置元件的 Alpha 值也为 45%。

（12）单击"时间轴"面板中的 回 按钮，新建图层 3。同理，进行图层间的帧的复制粘贴，图层 3 是从第 5 帧开始的，元件的 Alpha 值为 55%，如图 4-17 所示。

（13）单击"时间轴"面板中的 回 按钮，新建图层 4。同理，进行图层间的帧的复制粘贴，图层 4 是从第 3 帧开始的，元件的 Alpha 值为 75%，如图 4-18 所示。

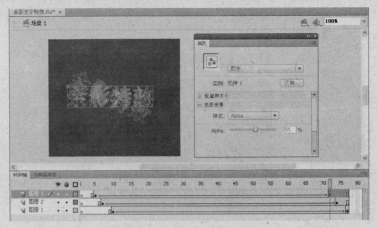

图 4-17　图层 3 动画设置

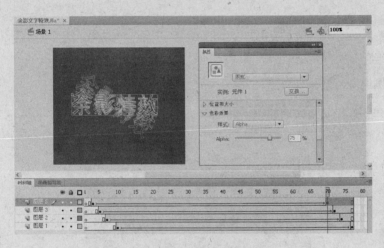

图 4-18　图层 4 动画设置

（14）单击"时间轴"面板中的 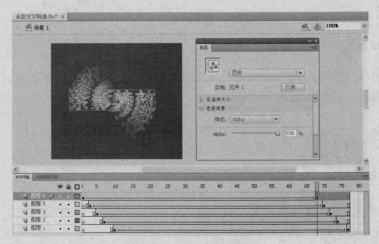 按钮，新建图层 5。同理，进行图层间的帧的复制粘贴，图层 4 是从第 1 帧开始的，元件的 Alpha 值为 100%，如图 4-19 所示。

图 4-19　图层 5 动画设置

（15）测试动画。单击"控制/测试影片"命令（快捷键：Ctrl+Enter），就可以看到图案文字的余影动画效果，如图 4-20 所示。

图 4-20　图案文字的余影动画效果

案例 4.2　鼠标随动文字特效

4.2.1　案例说明与效果

本案例是一个随着鼠标移动而跟着移动的文字动画效果。运行后，当鼠标不动时，可以看到一个"变"字在飘动，当鼠标快速移动时，可以看到文字跟随飘动，如图 4-21 所示.。

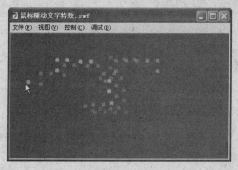

图 4-21　鼠标随动文字特效

4.2.2　技术要点与分析

本案例主要利用隐形按钮和影片剪辑实现鼠标随动文字效果，即利用影片剪辑制作文字动画效果，利用隐形按钮实现文字动画的控制，最后利用对齐和分布功能实现整个动画页面的布局。

4.2.3　实现过程

1．隐形按钮

（1）双击桌面上的 ![图标] 图标，打开 Flash CS4 软件，单击"文件/新建"命令（快捷键：Ctrl+N），新建 Flash 文档。

（2）单击"文件/保存"命令（快捷键：Ctrl+S），保存文件名为"鼠标随动文字特效"，文件类型为"Flash CS4 文档（*.fla）"。

（3）单击"修改/文档"命令（快捷键：Ctrl+J），弹出"文档属性"对话框，设置尺寸大小为 450 像素×250 像素，帧频为 24fps，背景颜色为"红色"，单击"确定"按钮。

（4）单击"插入/新建元件"命令（快捷键：Ctrl+F8），这时弹出"创建新元件"对话框，设置类型为"按钮"，如图 4-22 所示。

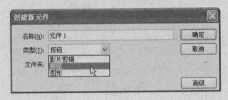

图 4-22　"创建新元件"对话框

（5）单击"确定"按钮，然后选择"点击"关键帧，右击，在弹出的快捷菜单中单击"插入空白关键帧"命令，如图 4-23 所示。

图 4-23　插入空白关键帧

（6）单击工具箱中的矩形工具 ，在按钮元件的中心绘制一个小矩形，设置其填充颜色为"黄色"，无边框，绘制后的效果如图 4-24 所示。

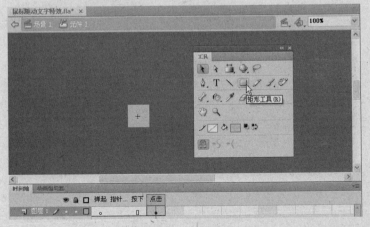

图 4-24　绘制矩形

（7）这样，隐形按钮创建完毕。单击"场景 1"，返回场景。

2. 影片剪辑元件动画

（1）创建影片剪辑元件。单击"插入/新建元件"命令（快捷键：Ctrl+F8），弹出"创建新元件"对话框，设置类型为"影片剪辑"，如图 4-25 所示。

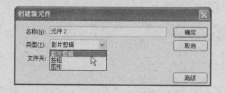

图 4-25　"创建新元件"对话框

（2）单击"确定"按钮。选择"时间轴"面板中的第 8 帧，右击，在弹出的快捷菜单中单击"插入空白关键帧"命令，如图 4-26 所示。

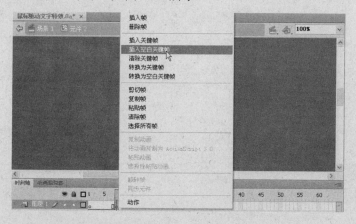

图 4-26　插入空白关键帧

（3）单击工具箱中的文字工具 **T**，在场景中单击，输入"动"字，文字系列设置为 Arial，字体大小为 16 点，颜色为"黄色"，如图 4-27 所示。

图 4-27　输入文字并对其设置

（4）选择输入的文字，单击"修改/转换为元件"命令（快捷键：F8），弹出"转换为元件"对话框，设置类型"图形"，如图 4-28 所示。

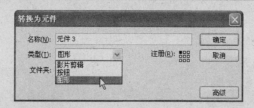

图 4-28　"转换为元件"对话框

（5）单击"确定"按钮。选择第 15 帧，右击，在弹出的快捷菜单中单击"插入关键帧"命令。

（6）选择该图形元件，在"属性"面板中设置样式为 Alpha，不透明度设为 50%，然后再调整其位置，如图 4-29 所示。

图 4-29　设置元件的 Alpha 值

（7）选择第 8～15 帧中的任一帧，右击，在弹出的快捷菜单中单击"创建传统补间"命令，创建补间动画。

（8）新建图层。单击"时间轴"面板中的 按钮，新建图层 2。

（9）在图层 2 的第 5 帧右击，在弹出的快捷菜单中单击"插入空白关键帧"命令，然后再选择图层 1 中的第 8～15 帧，如图 4-30 所示。

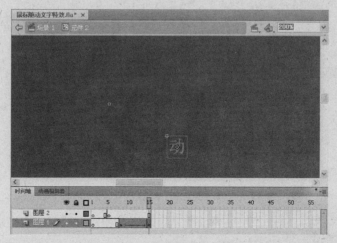

图 4-30　选择图层中的帧

（10）右击，在弹出的快捷菜单中单击"复制帧"命令，然后选择图层 2 的第 5 帧，右击，在弹出的快捷菜单中单击"粘贴帧"命令，如图 4-31 所示。

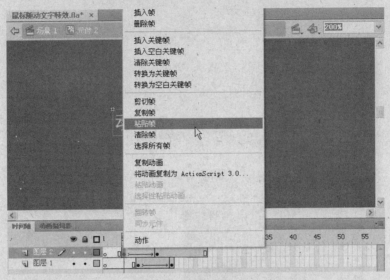

图 4-31　复制帧和粘贴帧

（11）这样在图层 2 中，从第 5～22 帧都有图像了，选择第 16～22 帧，右击，在弹出的快捷菜单中单击"删除帧"命令，删除多余的帧。

（12）新建图层。单击"时间轴"面板中的 按钮，新建图层 3。

（13）再利用复制帧、粘贴帧的方法，制作图层 3 中的动画，注意图层 3 中的动画是从第 2 帧开始的，如图 4-32 所示。

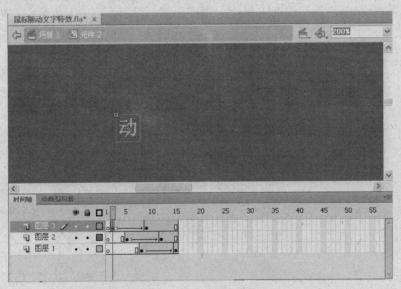

图 4-32　图层 3 中动画设置

（14）选择图层 3 中的第 1 帧，从"库"面板中把前面创建的按钮元件拖入到影片剪辑中，调整好位置后如图 4-33 所示。

图 4-33　拖入按钮元件

（15）选择图层 3 的第 1 帧，按 F9 键，打开"动作"面板，输入如下代码：

```
stop() ;
```

（16）选择影片剪辑中的按钮元件，按 F9 键，打开"动作"面板，输入如下代码：

```
on (rollOver)
{
    gotoAndPlay(2);           //跳转到第 2 帧，并播放
}
```

（17）这样，影片剪辑就制作完毕。单击"场景 1"，返回场景。

3．鼠标随动文字效果

（1）单击"窗口/库"命令（快捷键：Ctrl+L），打开"库"面板，然后把"元件 2"影片剪辑拖入到场景中，调整其位置后如图 4-34 所示。

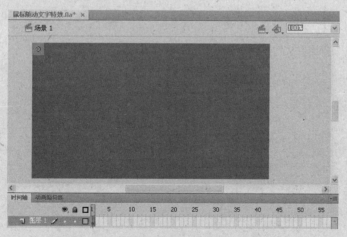

图 4-34　把影片剪辑元件拖入到场景中

（2）选择场景中的"元件 2"影片剪辑，多次按 Ctrl+D 键，复制 20 个，然后单击"窗口/对齐"命令（快捷键：Ctrl+K），弹出"对齐"面板，单击上对齐 按钮，再单击水平居中分布 按钮，这时效果如图 4-35 所示。

图 4-35　对齐与分布元件

（3）选择所有元件，单击"修改/组合"命令（快捷键：Ctrl+G），组合所有的元件。

（4）选择组合的元件进行复制，复制 11 个，然后进行左对齐与垂直居中分布，最后效果如图 4-36 所示。

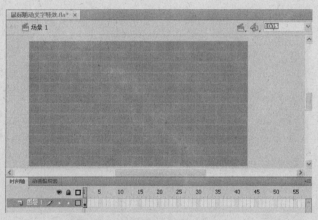

图 4-36　复制并布置元件

（5）测试动画。单击"控制/测试影片"命令（快捷键：Ctrl+Enter），移动鼠标，就可以看到随动的文字动画效果，如图 4-37 所示。

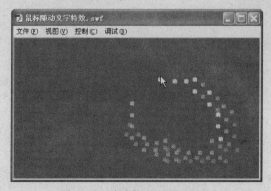

图 4-37　随动的文字动画效果

案例 4.3　遮罩放大文字特效

4.3.1　案例说明与效果

本案例是一个遮罩放大文字动画效果，动画运行后可以看到遮罩放大文字特效，如图 4-38 所示.。

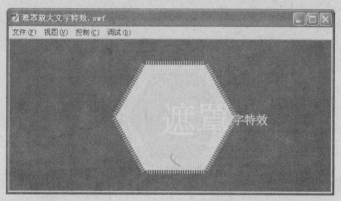

图 4-38　遮罩放大文字特效

4.3.2　技术要点与分析

本案例主要利用遮罩层命令实现遮罩放大文字动画效果。若要创建遮罩层，就要将遮罩层放在要用作遮罩的图层上。与填充或笔触不同，遮罩层就像一个窗口一样，透过它可以看到位于它下面的链接层区域。除了透过遮罩层显示的内容之外，其余的所有内容都被遮罩层的其余部分隐藏起来。

4.3.3　实现过程

1. 六边形动画效果

（1）双击桌面上的![icon]图标，打开 Flash CS4 软件，单击"文件/新建"命令（快捷键：Ctrl+N），新建 Flash 文档。

（2）单击"文件/保存"命令（快捷键：Ctrl+S），保存文件名为"遮罩放大文字特效"，文件类型为"Flash CS4 文档（*.fla）"。

（3）单击"修改/文档"命令（快捷键：Ctrl+J），弹出"文档属性"对话框，设置尺寸大小为 550 像素×250 像素，帧频为 12fps，背景颜色为"红色"，单击"确定"按钮。

（4）单击工具箱中的多角星形工具 ，在"属性"面板中设置其边框颜色为"白色"，边框宽度为 12，填充为"灰色"，样式为"斑马线"，具体设置如图 4-39 所示。

（5）单击"属性"面板中的"选项"按钮，弹出"工具设置"对话框，设置多边形的边数为 6，如图 4-40 所示。

（6）单击"确定"按钮，在文档中绘制六边形，绘制好后，调整其位置，如图 4-41 所示。

图 4-39　多角星形属性设置　　　　　　　图 4-40　"工具设置"对话框

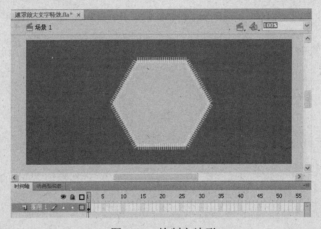

图 4-41　绘制六边形

（7）双击场景中六边形，选择其边框，按 Ctrl+C 键进行复制，再按 Ctrl+V 键进行粘贴，再单击工具箱中的任意变形工具 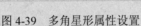，然后按 Shift 键，等比例改变边框的大小，调整位置后如图 4-42 所示。

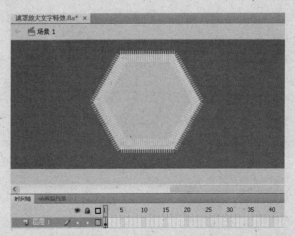

图 4-42　复制边框并调整复制边框的大小与位置

（8）把绘制的图形转换成元件。选择图形，单击"修改/转换为元件"命令（快捷键：F8），弹出"转换为元件"对话框，设置类型为"图形"，如图 4-43 所示。

（9）单击"确定"按钮，把图形转换成元件。选择元件，在"属性"面板中把"样式"设为 Alpha，其值为 0%，如图 4-44 所示。

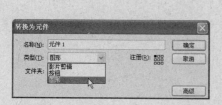

图 4-43　"转换为元件"对话框

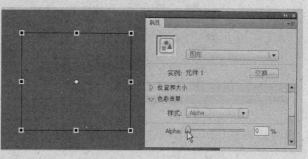

图 4-44　设置元件的 Alpha 属性

（10）在"时间轴"面板中选择第 10 帧，右击，在弹出的快捷菜单中单击"插入关键帧"命令，然后选择元件，设置其 Alpha 值为 100%，如图 4-45 所示。

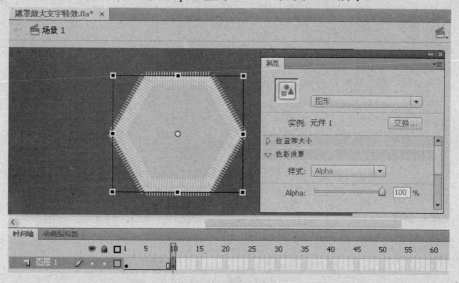

图 4-45　插入关键帧

（11）在"时间轴"面板中选择第 1～10 帧之间的任一帧，右击，在弹出的快捷菜单中单击"创建传统补间"命令，就成功地创建了动画。按 Enter 键可以查看淡淡显示的动画效果。

2. 制作文字动画效果

（1）新建图层。单击"时间轴"面板中的 按钮，新建图层 2。

（2）选择该层，按下鼠标将其拖动到图层 1 的下面，然后在图层 2 的第 10 帧右击，在弹出的快捷菜单中单击"插入空白关键帧"命令，如图 4-46 所示。

（3）单击工具箱中的文字工具 T ，在场景中单击，输入"遮罩放大文字特效"，并设置字体大小为 20 点，字体颜色为"黄色"，调整其位置后效果如图 4-47 所示。

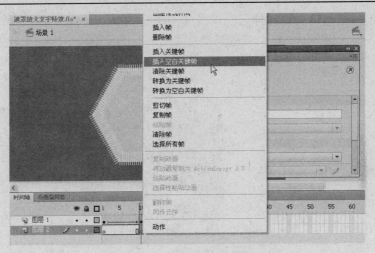

图 4-46　插入空白关键帧

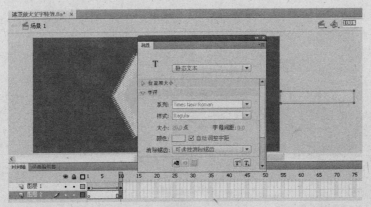

图 4-47　输入文字

（4）选择图层 2 的第 65 帧，插入关键帧，调整第 65 帧的文字位置。第 10 帧是文字动画的起点，即从最左侧慢慢进入场景。第 65 帧是文字动画的终点，即文字慢慢从场景右侧消失，如图 4-48 所示。

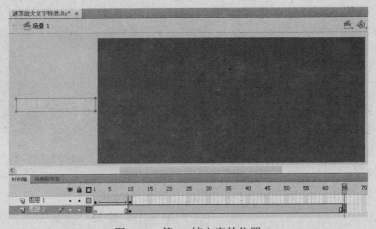

图 4-48　第 65 帧文字的位置

（5）在图层 2 中选择第 10～65 帧之间的任一帧，右击，在弹出的快捷菜单中单击"创建传统补间"命令，就成功地创建了动画。按 Enter 键可以查看文字动画效果。

3. 制作文字遮罩动画效果

（1）选择图层 1 的第 65 帧，单击"插入/时间轴/帧"命令（快捷键：F5），在图层 1 的第 65 帧插入帧，如图 4-49 所示。

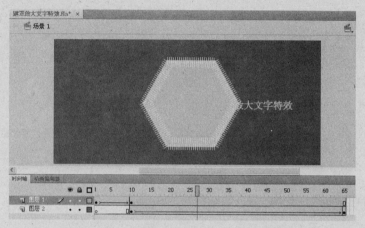

图 4-49　插入帧

（2）新建图层。单击"时间轴"面板中的 按钮，新建图层 3。

（3）选择图层 3 中的第 10 帧，右击，在弹出的快捷菜单中单击"插入空白关键帧"命令，然后单击工具箱中的多角星形工具 ，绘制六边形，如图 4-50 所示。

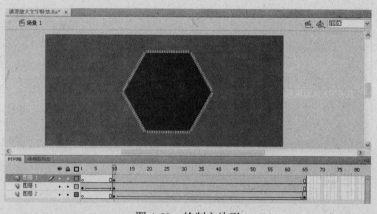

图 4-50　绘制六边形

（4）选择刚绘制的六边形，单击"修改/转换为元件"命令（快捷键：F8），弹出"转换为元件"对话框，设置类型为"图形"，如图 4-51 所示。

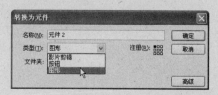

图 4-51　"转换为元件"对话框

（5）单击"确定"按钮。单击"时间轴"面板中的 <img> 按钮，新建图层 4。选择图层 4，按下鼠标拖动该层到图层 3 下方。

（6）选择图层 4 的第 10 帧，右击，在弹出的快捷菜单中单击"插入空白关键帧"命令。

（7）选择图层 2 的第 11 帧，按下 Shift 键，再单击图层 2 的第 65 帧，选择第 10～65 帧的所有帧，右击，在弹出的快捷菜单中单击"复制帧"命令，如图 4-52 所示。

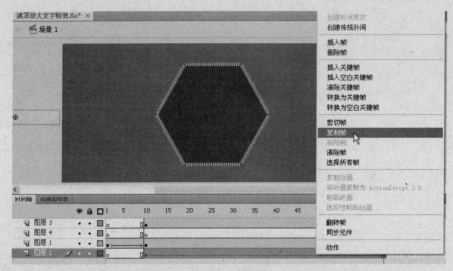

图 4-52　复制帧

（8）复制帧后，选择图层 4 的第 10 帧，右击，在弹出的快捷菜单中单击"粘贴帧"命令，这样就把图层 2 的动画复制到图层 4 中了，如图 4-53 所示。

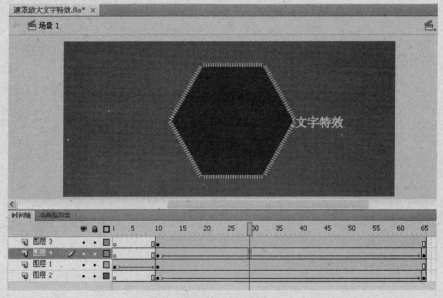

图 4-53　粘贴帧

（9）选择图层 4 的第 10 帧，单击"窗口/变形"命令，弹出"变形"对话框，设置变形比例为 300%，把文字放大 3 倍，如图 4-54 所示。

图 4-54　放大文字

（10）同理，选择图层 4 的第 65 帧，把文字也放大 300%。

（11）为了更好地显示遮罩放大文字效果，在图层 4 的第 10～65 帧之间分别插入关键帧，然后调整放大文字的位置。

（12）选择图层 3，右击，在弹出的快捷菜单中单击"遮罩层"命令，这时效果如图 4-55 所示。

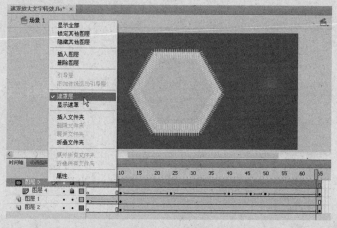

图 4-55　遮罩层

（13）测试动画。单击"控制/测试影片"命令（快捷键：Ctrl+Enter），可以看到遮罩放大文字动画效果，如图 4-56 所示。

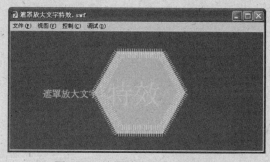

图 4-56　遮罩放大文字动画效果

案例 4.4　会员登录特效

4.4.1　案例说明与效果

本案例是用 Flash 实现应用程序中常见的会员登录功能。动画运行后，可以输入用户名与密码，如果输入正确，就可以成功登录，即显示相应的提示信息，如图 4-57 所示。

如果用户名或密码不正确，则会显示登录失败提示信息，如图 4-58 所示。

图 4-57　成功登录提示信息　　　　图 4-58　登录失败提示信息

单击"取消"按钮，可以清空所填写的姓名和密码信息。

4.4.2　技术要点与分析

本案例主要利用 if 语句实现会员登录功能，其语法结构如下：

```
if（条件表达式）
{
  语句块 1;
}
else
{
  语句块 2;
}
```

执行过程为：先判断条件表达式的值，如果为 true 则执行 if 内部语句，否则执行 else 内部语句。

if 语句可以嵌套 if 语句，如果语句块只有一句，则可以省略大括号{}。

if 条件语句还可以写成如下格式：

```
if（条件表达式）
{
  语句块 1;
}
else if （条件表达式）
{
  语句块 2;
}
……
```

```
else
{
    语句块 n;
}
```

这种 if 条件语句，从上到下进行判断，有其中一个条件成立，则 if 条件语句结束。

4.4.3　实现过程

1. 会员登录界面

（1）双击桌面上的 图标，打开 Flash CS4 软件，单击"文件/新建"命令（快捷键：Ctrl+N），新建 Flash 文档。

（2）单击"文件/保存"命令（快捷键：Ctrl+S），保存文件名为"会员登录特效"，文件类型为"Flash CS4 文档（*.fla）"。

（3）单击"修改/文档"命令（快捷键：Ctrl+J），弹出"文档属性"对话框，设置尺寸大小为 280 像素×250 像素，帧频为 24fps，背景颜色为"红色"，单击"确定"按钮。

（4）单击工具箱中的文字工具 T，在场景中单击，输入"会员登录界面"，文字设置为"黑体"，字体大小为 30 点，如图 4-59 所示。

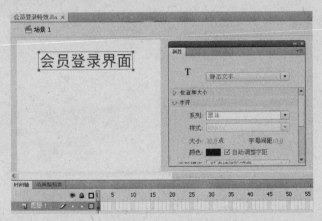

图 4-59　输入文字

（5）单击工具箱中的线条工具 ，在场景中绘制一条直线，设置颜色为"黑色"，笔触为 2，样式为"点状线"，如图 4-60 所示。

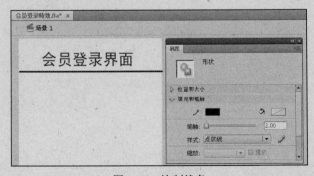

图 4-60　绘制线条

（6）单击工具箱中的文字工具 **T**，在场景中输入静态文本，设置它们的样式并调整位置如图 4-61 所示。

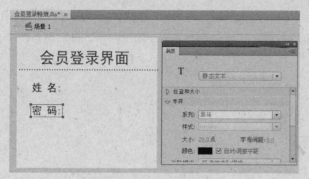

图 4-61　输入静态文本

（7）单击工具箱中的文字工具 **T**，在场景中单击，设置文本类型为"输入文本"，文字系列设置为"黑体"，字体大小为 20 点，并单击在文本周围显示边框按钮 ，如图 4-62 所示。

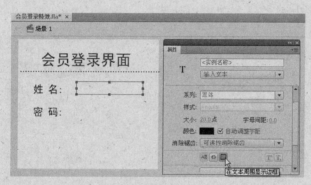

图 4-62　输入文本

（8）在"属性"面板的"选项"中，设置"姓名"对应的输入文本的变量名为 sname，如图 4-63 所示。

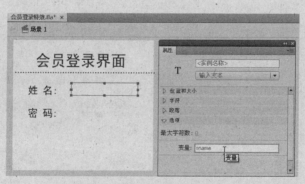

图 4-63　设置输入文本的变量名

提醒：输入文本或动态文本必须设置变量名，因为在 Action 代码中就是利用该变量名调用其文本内容。

（9）同理，在"密码"右侧添加一个输入文本，设置其变量名为 spwd，如图 4-64 所示。

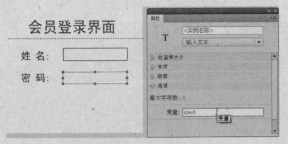

图 4-64　密码对应的输入文本

（10）添加公共按钮。单击"窗口/公共库/按钮"命令，打开"库"面板，如图 4-65 所示。

图 4-65　库面板

（11）选择 rounded double green 和 rounded double peach 按钮，按下鼠标左键，将它们拖入到场景中，并调整它们的大小，如图 4-66 所示

图 4-66　将公共按钮拖入场景中

（12）双击拖入的公共按钮，修改它们的文字内容，分别修改为"确定"与"取消"。具体方法是，双击要修改的公共按钮，进入按钮元件编辑区，单击文字层上的小锁，解开锁，单击工具箱中的文字工具 T ，就可以修改文字了，如图 4-67 所示。

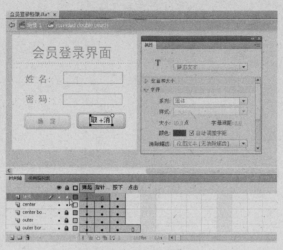

图 4-67   修改按钮文字

（13）修改完成后，单击"时间轴"面板中的"场景 1"，返回场景。

（14）单击工具箱中的文字工具 T ，在场景中单击，设置文本类型为"动态文本"，文字设置为"黑体"，字体大小为 15 点，如图 4-68 所示。

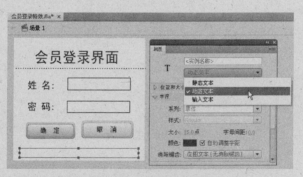

图 4-68   输入动态文本

（15）在"属性"面板的"选项"中，设置动态文本的变量名为 mystatus，如图 4-69 所示。

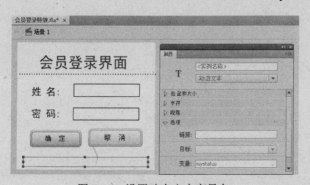

图 4-69   设置动态文本变量名

2. 会员登录功能的实现

（1）选择"确定"按钮，按 F9 键，打开"动作"面板，输入如下代码：

```
on(release)
{
  if (sname == "张平" and spwd =="666")
     {
             mystatus="用户名和密码都正确，成功登录！";
     }
      else
       {
             mystatus="用户名或密码不正确，登录失败！";
           }
}
```

（2）选择"取消"按钮，按 F9 键，打开"动作"面板，输入如下代码：

```
on(release)
{
  sname = "";
  spwd ="";
```

（3）测试动画。单击"控制/测试影片"命令（快捷键：Ctrl+Enter），输入用户名和密码，单击"确定"按钮，就可以显示相应的提示信息，如图 4-70 所示。

图 4-70　会员登录提示信息

本章小结

　　本章通过 4 个具体的案例讲解 Flash CS4 强大的文字动画编辑功能，即余影文字特效、鼠标随动文字特效、遮罩放大文字特效和会员登录特效。通过本章的学习，读者可以掌握 Flash CS4 制作文字动画特效的常用方法与技巧，从而设计出功能强大的文字动画特效。

第 5 章　鼠标动画特效

本 章 重 点

　　本章重点讲解 Flash CS4 强大的鼠标动画特效，即利用 Flash CS4 可以轻松制作彩柱舞动效果、鼠标舞动效果、猜图游戏等，具体内容如下：

➤　动态改变图片的颜色与透明度

➤　动态改变鼠标形状

➤　彩柱舞动效果

➤　猜图游戏

案例 5.1　动态改变图片的颜色与透明度

5.1.1　案例说明与效果

　　本案例是一款非常有用的调整图片颜色及透明度的小程序。程序运行后，效果如图 5-1 所示。

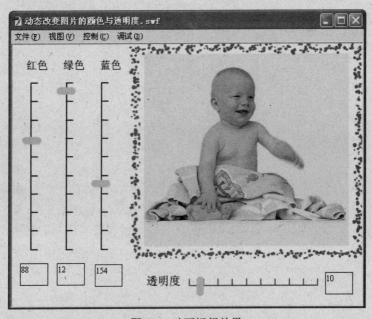

图 5-1　动画运行效果

可以拖动红、绿、蓝所对应的滑块来改变图片的颜色，还可以通过拖动透明度所对应的滑块来改变图片的透明度，并且动态文本框中的数字会随着滑块的移动而改变，如图 5-2 所示。

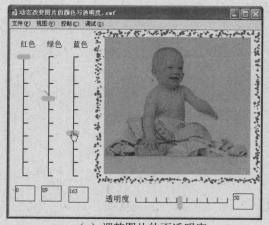　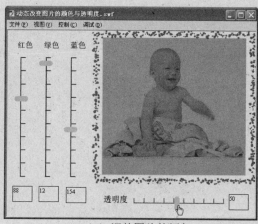

（a）调整图片的不透明度　　　　　　　　　　（b）调整图片的颜色

图 5-2　动态改变图片的颜色与透明度

5.1.2　技术要点与分析

本案例主要通过改变影片剪辑元件的颜色和透明度来实现动态改变图片的颜色与透明度功能。本案例利用滑块的拖动来调用红、绿、蓝三种颜色及透明度值，这里是利用影片剪辑元件的鼠标按下和释放事件来实现的，具体见本案例代码。

为了实现动态改变影片剪辑元件的颜色和透明度，必须调用 setinterval()函数。该函数的作用是按指定间隔时间调用函数或方法，其语法结构如下：

```
setInterval(function,interval);
```

其中，第 1 个参数 function 表示要调用的函数或方法，可以是匿名的函数、命名函数、对象方法或电影剪辑；第 2 个参数 interval 表示调用的时间间隔，以 ms 为单位，也就是 1s=1000ms。

5.1.3　实现过程

1．动画界面设计

（1）双击桌面上的 图标，打开 Flash CS4 软件，单击"文件/新建"命令（快捷键：Ctrl+N），新建 Flash 文档。

（2）单击"文件/保存"命令（快捷键：Ctrl+S），保存文件名为"动态改变图片的颜色与透明度"，文件类型为"Flash CS4 文档（*.fla）"。

（3）单击"修改/文档"命令（快捷键：Ctrl+J），弹出"文档属性"对话框，设置尺寸大小为 550 像素×400 像素，帧频为 12fps，单击"确定"按钮。

（4）导入图片。单击"文件/导入/导入到舞台"命令（快捷键：Ctrl+R），弹出"导入"对话框，选择要导入的图片，单击"打开"按钮，把图片导入到场景，如图 5-3 所示。

（5）单击工具箱中的矩形工具 ，设置边框颜色为"红色"，填充为无色，边框宽度为 15，样式为"点划线"，绘制矩形，绘制后再调整其位置及大小，如图 5-4 所示。

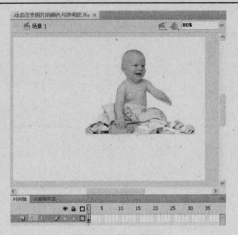

图 5-3　导入图片

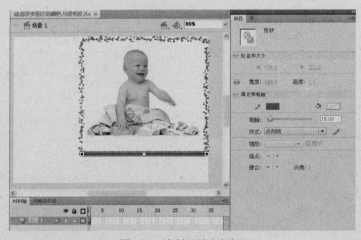

图 5-4　绘制无填充矩形

（6）新建图层。单击"时间轴"面板中的 ⬚ 按钮，新建图层 2。

（7）单击工具箱中的矩形工具 ⬚ ，绘制一个矩形，矩形的大小刚好能盖住图片，调整位置后，效果如图 5-5 所示。

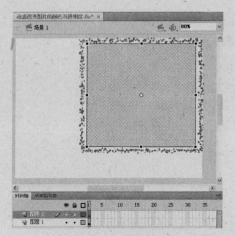

图 5-5　绘制矩形

（8）选择刚绘制的矩形，单击"修改/转换为元件"命令（快捷键：F8），弹出"转换为元件"对话框，设置类型为"影片剪辑"，如图 5-6 所示。

（9）单击"确定"按钮，再选择该元件，在"属性"面板中为其命名为 hidepic，这个名字很重要，因为后面代码中要用到，如图 5-7 所示。

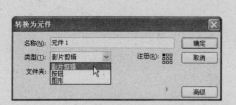

图 5-6　"转换为元件"对话框　　　　　　图 5-7　为影片剪辑元件命名

（10）新建图层。单击"时间轴"面板中的 按钮，新建图层 2。

（11）单击工具箱中的线条工具 ，按 Shift 键，绘制一条垂直的直线，然后再绘制 10 根很短的水平直线，调整位置后变成如图 5-8 所示的刻度线。

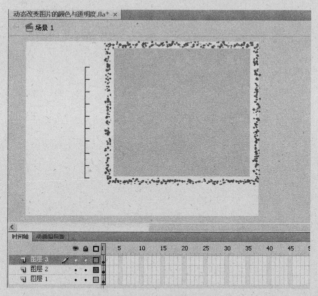

图 5-8　刻度线

（12）选择刚绘制的刻度线，单击"修改/组合"命令（快捷键：Ctrl+G），进行组合，然后复制 2 个，调整位置后如图 5-9 所示。

（13）再复制一根刻度线。单击"修改/变形/逆时针旋转 90°"命令，将其修改成为水平刻度线，调整其位置后如图 5-10 所示。

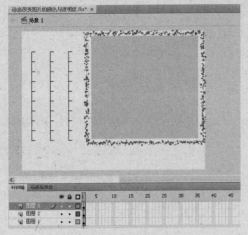
图 5-9 组合并复制刻度线

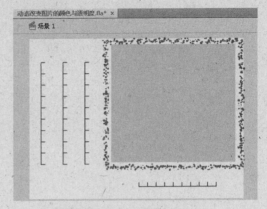
图 5-10 水平刻度线

（14）单击工具箱中的文字工具 **T**，并把文字类型设置为"动态文本"，绘制 4 个动态文本，文本变量名分别为 x1、x2、x3、x4。如图 5-11 所示。

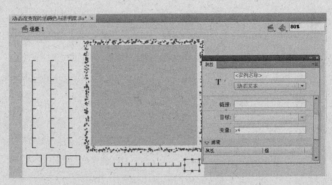
图 5-11 动态文本

（15）在这 4 个动态文本中，前 3 个动态文本是用来显示三原色中的红色、绿色、蓝色的；而另一个动态文本框，是用来显示影片组件的透明度的。

（16）单击工具箱中的文字工具 **T**，输入相应的文字说明信息，即红色、绿色、蓝色、透明度，然后调整位置，效果如图 5-12 所示。

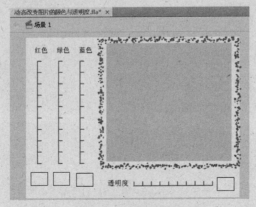
图 5-12 说明性文字

（17）这样，动画界面就设计完成了。

2. 刻度线滑块的设计制作及代码添加

（1）新建图层。单击"时间轴"面板中的 按钮，新建图层 4。

（2）单击工具箱中的矩形工具 ，在"属性"面板中设置矩形边角半径为 20，绘制圆角矩形，调整位置后如图 5-13 所示。

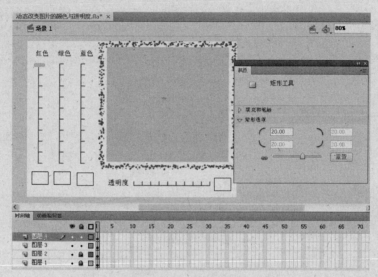

图 5-13 绘制圆角矩形

（3）选择绘制的矩形，单击"修改/转换为元件"命令（快捷键：F8），弹出"转换为元件"对话框，设置类型为"影片剪辑"，如图 5-14 所示。

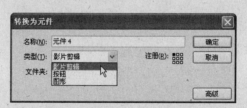

图 5-14 转换为元件对话框

（4）单击"确定"按钮，再选择该元件，在"属性"面板中为其命名为 smooth1，如图 5-15 所示。

图 5-15 为影片剪辑元件命名

（5）选择刚转换的影片剪辑元件，复制 3 个，分别命名为 smooth2、smooth3、smooth4，然后再调整它们的位置，效果如图 5-16 所示。

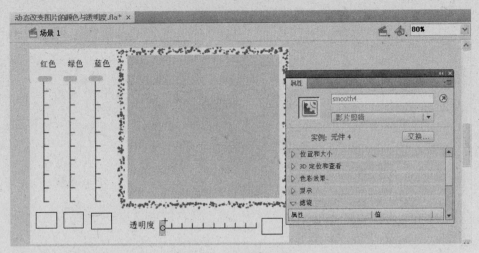

图 5-16　设置刻度滑块

（6）选择 smooth1 影片剪辑元件，按 F9 键，打开"动作"面板，输入如下代码：

```
on (press)                    //影片剪辑按下事件
{
this.startdrag(true,28.8,56,28.8,311) ;      //开始拖动影片剪辑
}
on (release)              //影片剪辑单击事件
{
 stopdrag() ;             //停止拖动
}
```

提醒： 其中 28.8 表示 smooth1 影片剪辑元件的初始 X 坐标值，56 表示 smooth1 影片剪辑元件的初始 Y 坐标值。而后面的两个数，即 28.8 和 311 表示 smooth1 影片剪辑元件可拖动的最终 X 和 Y 坐标位置。

（7）选择 smooth2 影片剪辑元件，按 F9 键，打开"动作"面板，输入如下代码：

```
on (press)                //影片剪辑按下事件
{
this.startdrag(true,82.7,56,82.7,311) ;      //开始拖动影片剪辑
}
on (release)              //影片剪辑单击事件
{
 stopdrag() ;             //停止拖动
}
```

（8）选择 smooth3 影片剪辑元件，按 F9 键，打开"动作"面板，输入如下代码：

```
on (press)                //影片剪辑按下事件
{
this.startdrag(true,137.7,56,137.7,311) ;     //开始拖动影片剪辑
}
on (release)                //影片剪辑单击事件
```

```
{
 stopdrag() ;                      //停止拖动
}
```

（9）选择 smooth4 影片剪辑元件，按 F9 键，打开"动作"面板，输入如下代码：

```
on (press)                         //影片剪辑按下事件
{
this.startdrag(true,280,368.8,480,368.8) ;      //开始拖动影片剪辑
}
on (release)                       //影片剪辑单击事件
{
 stopdrag() ;                      //停止拖动
}
```

3．添加关键帧代码及动画的测试

（1）选择"时间轴"面板中图层 4 的第 1 帧，按 F9 键，打开"动作"面板，输入如下代码：

```
smooth1._y=144;                    //设置影片剪辑的 Y 坐标值
smooth2._y=68 ;
smooth3._y=210 ;
smooth4._x=300 ;                   //设置影片剪辑的 X 坐标值
function tx(r,g,b) {               //自定义 tx 颜色函数
 x=r*65536+g*256+b ;
 return x ;
}
function kl() {                    //自定义 kl 函数，实现影片剪辑的颜色和透明度改变
 col=new Color("hidepic") ;        //定义 Color 颜色类
 if (x1>255){
     x1=255 ;}                     //变量 x1、x2、x3 的值最大为 255
     if(x2>255) {
         x2=255 ;
     }
     if(x3>255) {
         x3=255 ; }
         x1=smooth1._y-56 ;        //设置变量 x1、x2、x3 的值
         x2=smooth2._y-56 ;
         x3=smooth3._y-56;
         x4=Math.round ((smooth4._x-280)/2)
 col.setRGB(tx(x1,x2,x3)) ;        //调用 setRGB 函数实现影片剪辑颜色的改变
 hidepic._alpha=x4 ;               //设置影片剪辑 alpha 值
}
setinterval(kl,1) ;
```

（2）发布设置。单击"文件/发布设置"命令（Ctrl+Shift+F12），弹出"发布设置"对话框，单击 Flash 选项卡，设置播放器为 Flash Player 6，设置脚本为 ActionScript 2.0，如图 5-17 所示。

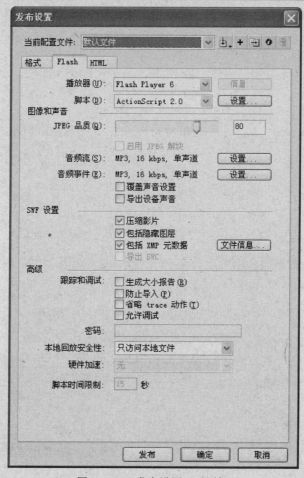

图 5-17 "发布设置"对话框

（3）单击"确定"按钮，这样，整个动画就制作完毕了。按 Ctrl+Enter 键就可以测试动画了，调整颜色刻度及透明度的值，可以看到不同的图片效果，如图 5-18 所示。

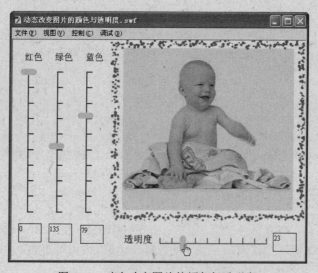

图 5-18 动态改变图片的颜色与透明度

案例 5.2　动态改变鼠标形状

5.2.1　案例说明与效果

　　本案例是一个能动态改变并恢复鼠标形状的动画。动画运行后，单击"改变鼠标形状"按钮，标准鼠标变成了一个心形旋转动画特效，当移动鼠标时，该心形旋转动画随着移动，如图 5-19 所示。

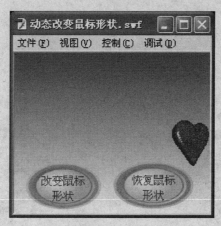

图 5-19　动态改变鼠标形状

　　单击"恢复鼠标形状"按钮，鼠标恢复成标准形状。

5.2.2　技术要点与分析

　　本案例利用导入 GIF 动画制作心形旋转影片剪辑元件，并通过影片剪辑元件的 Visible 属性隐藏和显示心形旋转动画。

　　利用 Mouse 对象的 Hide()方法可以隐藏鼠标标准形状，利用 Mouse 对象的 Show()方法可以显示鼠标标准形状。

　　利用 startDrag()方法可以实现影片剪辑元件随鼠标的移动而移动的功能，利用 stopDrag()方法可以实现影片剪辑元件停止拖动的功能。

5.2.3　实现过程

1．动画界面设计

　　（1）双击桌面上的图标，打开 Flash CS4 软件，单击"文件/新建"命令（快捷键：Ctrl+N），新建 Flash 文档。

　　（2）单击"文件/保存"命令（快捷键：Ctrl+S），保存文件名为"动态改变鼠标形状"，文件类型为"Flash CS4 文档（*.fla）"。

　　（3）单击"修改/文档"命令（快捷键：Ctrl+J），弹出"文档属性"对话框，设置尺寸大小为 250 像素×200 像素，帧频为 24fps，背景颜色为"白色"，单击"确定"按钮。

　　（4）单击工具箱中的矩形工具，设置为无边框，填充颜色为"红色"，按下鼠标左键，绘制一个矩形，如图 5-20 所示。

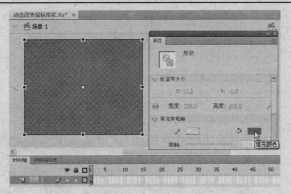

图 5-20　绘制矩形

（5）设置填充颜色。单击"窗口/颜色"命令（快捷键：Shift+F9），打开"颜色"面板，设置填充类型为"线性"，效果如图 5-21 所示。

图 5-21　填充渐变色

（6）单击工具箱中的渐变变形工具 ，先利用 按钮缩放渐变颜色范围，然后再利用 按钮旋转渐变颜色，如图 5-22 所示。

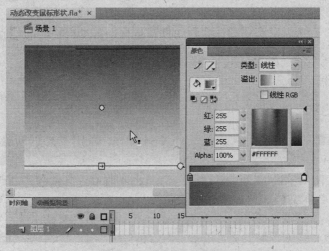

图 5-22　编辑渐变颜色

（7）添加公用按钮。单击"窗口/公用库/按钮"命令，弹出"库"面板，如图 5-23 所示。

（8）选择 bubble 2 blue 按钮，按下鼠标左键，将其拖入文档中。在这里要用两个按钮，所以再选择 bubble 2 green 按钮，将其拖入文档，然后调整它们的位置，如图 5-24 所示。

图 5-23　"库"面板　　　　　　　　　　　　　　　图 5-24　添加按钮

（9）改变按钮说明性文字。双击按钮，利用文字工具就可以修改说明性文字，在这里输入"改变鼠标形状"，如图 5-25 所示。

（10）单击"场景 1"，返回场景。同理，再双击另一个按钮，改变说明性文字，改变后如图 5-26 所示。

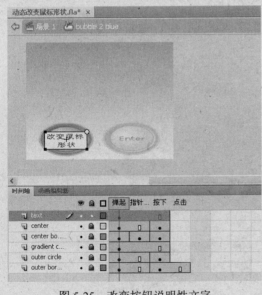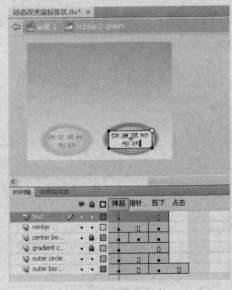

图 5-25　改变按钮说明性文字　　　　　　　　　　图 5-26　修改文字

（11）单击"场景 1"，返回场景。

（12）插入影片剪辑元件。单击"插入/新建元件"命令（快捷键：Ctrl+F8），弹出"创建新元件"对话框，设置类型为"影片剪辑"，如图 5-27 所示。

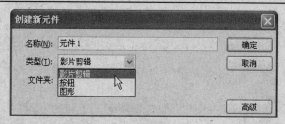

图 5-27 "创建新元件"对话框

（13）单击"确定"按钮。单击"文件/导入/导入到舞台"命令（快捷键：Ctrl+R），弹出"导入"对话框，如图 5-28 所示。

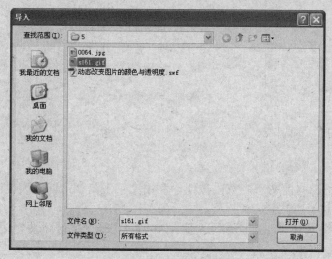

图 5-28 "导入"对话框

（14）单击"打开"按钮，把素材导入到影片剪辑元件中，调整位置后效果如图 5-29 所示。

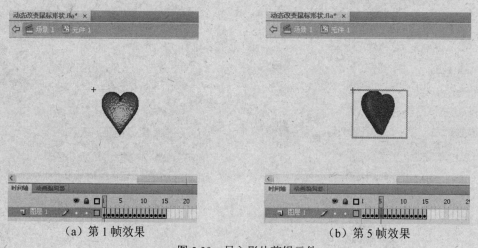

（a）第 1 帧效果　　　　　　　（b）第 5 帧效果

图 5-29 导入影片剪辑元件

（15）单击"场景 1"，返回场景。单击"窗口/库"命令（快捷键：Ctrl+L），打开"库"面板，然后选择影片剪辑元件 1，拖入到场景中，如图 5-30 所示。

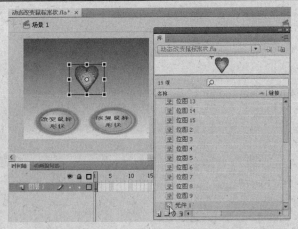

图 5-30　拖入影片剪辑元件 1

（16）选择刚拖入的影片剪辑元件 1，在"属性"面板中设置其名称为 hand，这个名字很重要，因为后面 Action 代码中会用到。如图 5-31 所示。

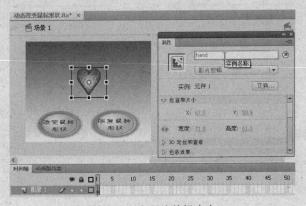

图 5-31　为影片剪辑命名

2．添加 Action 代码及动画的测试

（1）添加关键帧代码，隐藏影片剪辑元件 hand。选择"时间轴"面板中图层 1 的第 1帧，按 F9 键，打开"动作"面板，输入如下代码：

```
hand._visible=false;            //隐藏影片剪辑元件
```

（2）添加按钮代码。选择"恢复鼠标形状"按钮，按 F9 键，打开"动作"面板，输入如下代码：

```
on (release)                    //恢复鼠标形状按钮单击事件
{
  hand.stopDrag();              //hand 影片剪辑停止拖动
  Mouse.show();                 //鼠标显示
  hand._visible=false;          //hand 影片剪辑不可见
}
```

（3）选择"改变鼠标形状"按钮，按 F9 键，打开"动作"面板，输入如下代码：

```
on(release)                     //改变鼠标形状按钮单击事件
{
  hand._visible=true;           //hand 影片剪辑可见
```

```
    hand.startDrag(true);          //hand 影片剪辑开始拖动
    Mouse.hide();                  //鼠标隐藏
}
```

（4）测试动画。单击"控制/测试影片"命令（快捷键：Ctrl+Entcr），运行动画，如图 5-32 所示。

（5）单击"改变鼠标形状"按钮，这时鼠标变成一个心形旋转动画效果，并且当移动鼠标时，该心形旋转动画跟着移动，如图 5-33 所示。

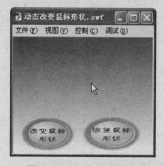　　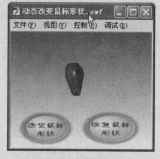

图 5-32　运行动画效果　　　　　图 5-33　改变鼠标形状

（6）单击"恢复鼠标形状"按钮，鼠标形状就变成标准效果了。

案例 5.3　彩柱舞动效果

5.3.1　案例说明与效果

本案例是一款有趣的彩柱舞动效果，运行后，当鼠标指向不同的彩柱时，彩柱就会自动舞动起来，快速地移动鼠标，就可以看到彩柱群舞效果，如图 5-34 所示.。

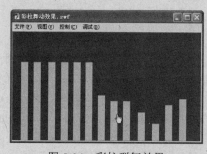

图 5-34　彩柱群舞效果

5.3.2　技术要点与分析

本案例首先制作彩柱缩放动画影片剪辑，然后制作隐藏按钮，利用隐藏按钮的"鼠标移上事件"来控制彩柱动画效果。本案例利用 tellTarget()方法实现指定要舞动的彩柱，具体代码如下：

```
on (rollOver)                    //按钮的鼠标移上事件
{
    tellTarget("/zhu3")          //指定要舞动的彩柱
```

```
play();                          //开始动画播放
}
```

5.3.3　实现过程

1. 动画界面设计

（1）双击桌面上的 图标，打开 Flash CS4 软件，单击"文件/新建"命令（快捷键：Ctrl+N），新建 Flash 文档。

（2）单击"文件/保存"命令（快捷键：Ctrl+S），保存文件名为"彩柱舞动效果"，文件类型为"Flash CS4 文档（*.fla）"。

（3）单击"修改/文档"命令（快捷键：Ctrl+J），弹出"文档属性"对话框，设置尺寸大小为 450 像素×250 像素，帧频为 12fps，背景颜色为"暗红色"，单击"确定"按钮。

（4）单击工具箱中的矩形工具 ，设置填充颜色为"金黄色"，无边框，按下鼠标左键，绘制矩形，如图 5-35 所示。

（5）选择刚绘制的矩形，单击"修改/转换为元件"命令（快捷键：F8），弹出"转换为元件"对话框，设置类型为"影片剪辑"，如图 5-36 所示。

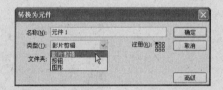

图 5-35　绘制矩形　　　　　　　　图 5-36　"转换为元件"对话框

（6）单击"确定"按钮，把矩形转换为影片剪辑元件。双击影片剪辑元件，进入其编辑页面，如图 5-37 所示。

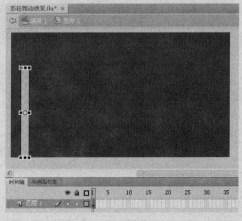

图 5-37　调整矩形中心

（7）在"时间轴"面板中图层 1 的第 12 帧右击，在弹出的快捷菜单中单击"插入关键帧"命令，即在第 12 帧插入一个关键帧。

（8）单击工具箱中的任意变形工具 ，选择矩形，调整其大小，如图 5-38 所示。

（9）在"时间轴"面板中图层 1 的第 24 帧右击，在弹出的快捷菜单中单击"插入关键帧"命令，调整该帧中的矩形大小，如图 5-39 所示。

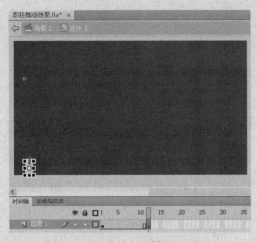　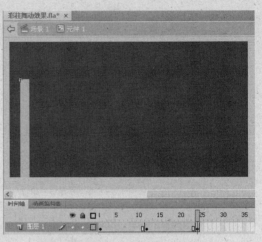

图 5-38　调整第 12 帧的矩形大小　　　　　图 5-39　调整第 24 帧的矩形大小

（10）创建动画。选择第 1～12 帧之间的任一帧，右击，在弹出的快捷菜单中单击"创建补间形状"命令。同理，在第 12～24 帧也创建补间形状动画，如图 5-40 所示。

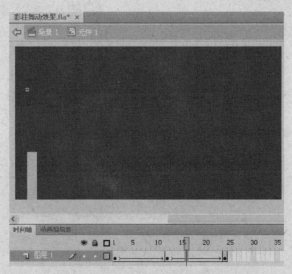

图 5-40　创建补间形状动画

（11）添加 Action 动作。选择图层 1 中的第 1 帧，按 F9 键，打开"动作"面板，输入如下代码：

```
stop();
```

（12）单击"场景 1"，返回场景。

（13）创建隐藏按钮。单击"插入/新建元件"命令（快捷键：Ctrl+F8），弹出"创建新元件"对话框，设置类型为"按钮"，如图 5-41 所示。

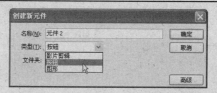

图 5-41　"创建新元件"对话框

（14）单击"确定"按钮，选择"点击"帧，右击，在弹出的快捷菜单中单击"插入空白关键帧"命令，如图 5-42 所示。

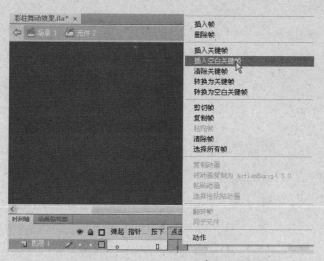

图 5-42　插入空白关键帧

（15）单击工具箱中的矩形工具 ，设置填充颜色为"紫色"，无边框，按下鼠标左键，绘制矩形，如图 5-43 所示。

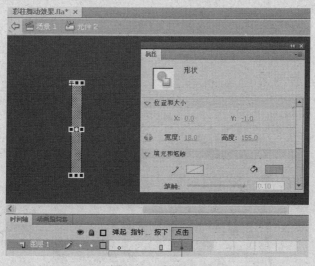

图 5-43　绘制矩形

（16）单击"场景 1"，返回场景。单击"窗口/库"命令（快捷键：Ctrl+L），弹出"库"面板，选择"元件 2"，按下鼠标左键，将其拖入到场景中，如图 5-44 所示。

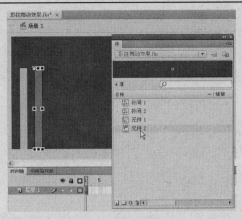

图 5-44 "库"面板

（17）选择场景中的影片剪辑元件，在"属性"面板中为其命名为 zhu1，然后调整其位置，如图 5-45 所示。

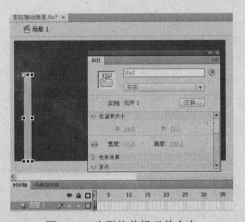

图 5-45 为影片剪辑元件命名

提示：通过移动按钮元件的位置，使其覆盖影片剪辑元件。

（18）选择 2 个元件，按 Ctrl+D 键直接进行复制，复制 12 个，调整位置后如图 5-46 所示。

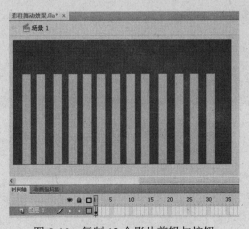

图 5-46 复制 12 个影片剪辑与按钮

（19）这里要注意的是，要为 13 个影片剪辑元件分别命名为 zhu1、zhu2、zhu3、……、zhu13。

2.　添加 Action 代码及动画的测试

（1）选择影片剪辑 zhu1 上的按钮，按 F9 键，打开"动作"面板，输入如下代码：

```
on (rollOver)
{
 tellTarget("/zhu1")     //鼠标移动到该影片剪辑上，即可播放该影片剪辑
 play();
}
```

（2）选择影片剪辑 zhu2 上的按钮，按 F9 键，打开"动作"面板，输入如下代码：

```
on (rollOver)
{
 tellTarget("/zhu2")     //鼠标移动到该影片剪辑上，即可播放该影片剪辑
 play();
}
```

（3）选择影片剪辑 zhu3 上的按钮，按 F9 键，打开"动作"面板，输入如下代码：

```
on (rollOver)
{
 tellTarget("/zhu3")     //鼠标移动到该影片剪辑上，即可播放该影片剪辑
 play();
}
```

（4）其他按钮的鼠标移上事件代码添加同上，唯一不同的是按钮代码所控制的影片剪辑元件分别是其对应的影片剪辑元件。

（5）测试动画。单击"控制/测试影片"命令（快捷键：Ctrl+Enter），移动鼠标，就可以看到彩柱舞动效果，如图 5-47 所示。

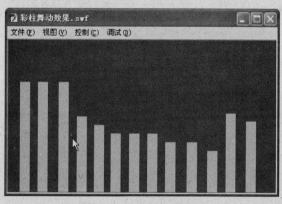

图 5-47　彩柱舞动效果

案例 5.4　猜图游戏

5.4.1　案例说明与效果

本案例是一款鼠标拖动猜图小游戏，动画运行后如图 5-48 所示。

选择一种动物，拖动该动物名，移动到相应的动物图片上松开鼠标，如果正确，则会显示相应的提示信息，并且文字就放在图片上，如图 5-49 所示。

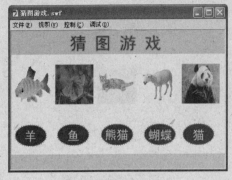

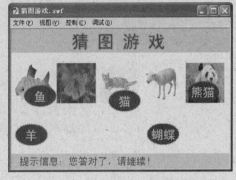

图 5-48　动画运行效果　　　　　　　　　　图 5-49　鼠标猜图正确提示信息

如果拖动"蝴蝶"，移动到"羊"图片上时松开鼠标，则会显示错误提示信息，并且文字影片剪辑元件返回原来的位置，如图 5-50 所示。

图 5-50　鼠标猜图错误提示信息

5.4.2　技术要点与分析

本案例首先制动画图片影片剪辑元件和动物名称影片剪辑元件，然后为动物名称影片剪辑元件添加鼠标按下和鼠标释放事件代码，从而实现猜图游戏。

在猜图游戏中，利用 startDrag()方法实现动物名称影片剪辑元件的开始移动，利用 topDrag()方法实现动物名称影片剪辑元件的停止移动，利用 hitTest()方法检测两个影片剪辑元件在场景上是否发生重叠，即实现猜图游戏功能。

5.4.3　实现过程

1．游戏界面设计

（1）双击桌面上的 图标，打开 Flash CS4 软件，单击"文件/新建"命令（快捷键：Ctrl+N），新建 Flash 文档。

（2）单击"文件/保存"命令（快捷键：Ctrl+S），保存文件名为"猜图游戏"，文件类型为"Flash CS4 文档（*.fla）"。

（3）单击"修改/文档"命令（快捷键：Ctrl+J），弹出"文档属性"对话框，设置尺寸大小为 450 像素×280 像素，帧频为 12fps，背景颜色为"白色"，单击"确定"按钮。

（4）单击工具箱中的矩形工具 ，设置填充颜色为"金黄色"，无边框，按下鼠标左键，绘制矩形，如图 5-51 所示。

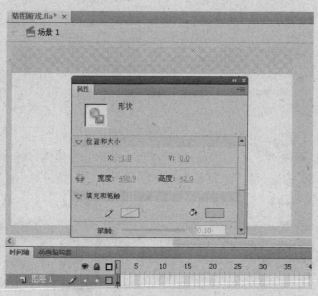

图 5-51　绘制矩形

（5）单击工具箱中的文字工具 T ，输入"猜图游戏"，字体颜色为"暗红色"，字体大小为 35 点，字体系列为黑体，如图 5-52 所示。

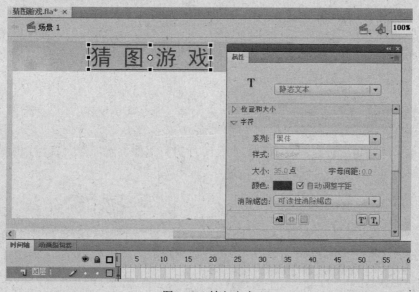

图 5-52　输入文字

（6）为文字添加滤镜效果。选择文字，在"属性"面板中单击添加滤镜按钮 ，添加"发光"滤镜，效果如图 5-53 所示。

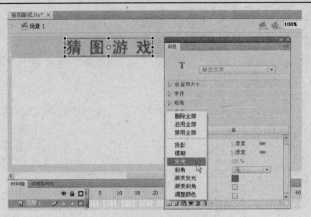

图 5-53 为文字添加滤镜效果

（7）导入图片。单击"文件/导入/导入到舞台"命令（快捷键：Ctrl+R），弹出"导入"对话框，选择要导入的图片，单击"打开"按钮，把图片导入到场景中，如图 5-54 所示。

（8）同理，导入其他图片，调整它们的大小及位置后如图 5-55 所示。

图 5-54 导入图片   图 5-55 导入其他图片

（9）选择"鱼"图片，单击"修改/转换为元件"命令（快捷键：F8），弹出"转换为元件"对话框，设置类型为"影片剪辑"，如图 5-56 所示。

（10）单击"确定"按钮，把图片转换为影片剪辑元件，然后在"属性"面板中为其命名为 pic1，如图 5-57 所示。

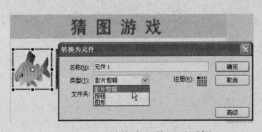

图 5-56 "转换为元件"对话框   图 5-57 为影片剪辑元件命名

（11）同理，把其他图片也转换为影片剪辑元件，从左到右，其名分别为 pic2、pic3、pic4、pic5。

（12）制作动物名称影片剪辑元件。单击工具箱中的椭圆工具 ，设置边框颜色为"红色"，填充颜色为"暗红色"，样式为"斑马线"，绘制椭圆，如图 5-58 所示。

（13）单击工具箱中的文字工具 T，设置文字类型为"静态文字"，颜色为"黄色"，大小为 25 点，在文档中单击，输入"羊"，调整其位置后如图 5-59 所示。

图 5-58　绘制椭圆

图 5-59　输入文字

（14）选择刚绘制的椭圆及刚输入的文字，单击"修改/转换成元件"命令（快捷键：F8），弹出"转换为元件"对话框，设置类型为"影片剪辑"，如图 5-60 所示。

（15）设置好后，单击"确定"按钮。同理，再制作"鱼"、"熊猫"、"蝴蝶"、"猫"影片剪辑元件，设置好后如图 5-61 所示。

图 5-60　"转换为元件"对话框

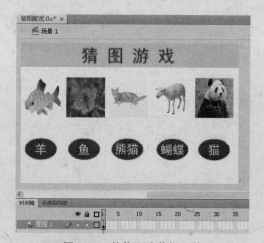

图 5-61　其他影片剪辑元件

（16）为动物名称影片剪辑元件命名，选择"羊"影片剪辑元件，在"属性"面板中为其命名为 rec1，如图 5-62 所示。

（17）同理，为"鱼"、"熊猫"、"蝴蝶"、"猫"影片剪辑元件分别命名为 rec2、rec3、rec4、rec5。

　　（18）单击工具箱中的矩形工具，设置填充颜色为"淡灰色"，无边框，按下鼠标左键，绘制矩形，调整其位置后如图 5-63 所示。

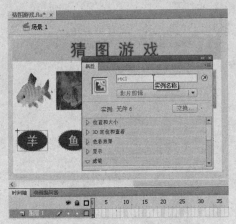

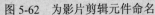

图 5-62　为影片剪辑元件命名　　　　　　　　　图 5-63　绘制矩形

　　（19）单击工具箱中的文字工具 **T**，设置文字类型为"动态文字"，颜色为"红色"，字体大小为 20 点，如图 5-64 所示。

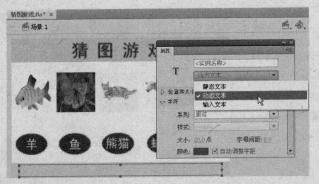

图 5-64　动态文本

　　注意：为了引用动态文本，还要为动态文本设置变量名，在这里设置变量名为 state，这个变量名会在 Action 中用到，如图 5-65 所示。

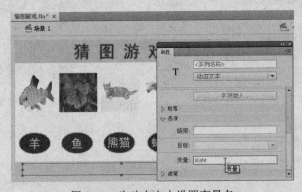

图 5-65　为动态文本设置变量名

2. 添加 Action 代码及动画的测试

（1）选择"羊"影片剪辑元件，按 F9 键，打开"动作"面板，输入如下代码：

```
on (press)                      //鼠标按下事件
{
  this.startDrag(true);         //开始拖动
    _root.state ="" ;           //提示信息为空
}
on(release)                     //鼠标释放事件
{
    stopDrag();                 //停止拖动
     if (this.hitTest(_root.pic4))
   {
   _root.state="提示信息：您答对了，请继续！" ;
   }
   else
   {
   _root.state="提示信息：您答错了，请重新再猜！" ;
   _root.rec1._x=40 ;
   _root.rec1._y=211;
   }
}
```

（2）选择"鱼"影片剪辑元件，按 F9 键，打开"动作"面板，输入如下代码：

```
on (press)
{
  this.startDrag(true);
    _root.state ="" ;
}
on(release)
{
    stopDrag();
     if (this.hitTest(_root.pic1))
   {
   _root.state="提示信息：您答对了，请继续！" ;
   }
   else
   {
   _root.state="提示信息：您答错了，请重新再猜！" ;
   _root.rec2._x=128 ;
   _root.rec2._y=211;
   }
}
```

（3）选择"熊猫"影片剪辑元件，按 F9 键，打开"动作"面板，输入如下代码：

```
on (press)
{
  this.startDrag(true);
    _root.state ="" ;
```

```
}
on(release)
{
    stopDrag();
    if (this.hitTest(_root.pic5))
    {
    _root.state="提示信息：您答对了，请继续！" ;
    }
    else
    {
    _root.state="提示信息：您答错了，请重新再猜！" ;
    _root.rec3._x=220 ;
    _root.rec3._y=211;
    }
}
```

（4）选择"蝴蝶"影片剪辑元件，按 F9 键，打开"动作"面板，输入如下代码：

```
on (press)
{
 this.startDrag(true);
    _root.state ="" ;
}
on(release)
{
    stopDrag();
    if (this.hitTest(_root.pic2))
    {
    _root.state="提示信息：您答对了，请继续！" ;
    }
    else
    {
    _root.state="提示信息：您答错了，请重新再猜！" ;
    _root.rec4._x=311 ;
    _root.rec4._y=211;
    }
}
```

（5）选择"猫"影片剪辑元件，按 F9 键，打开"动作"面板，输入如下代码：

```
on (press)
{
 this.startDrag(true);
    _root.state ="" ;
}
on(release)
{
    stopDrag();
    if (this.hitTest(_root.pic3))
    {
    _root.state="提示信息：您答对了，请继续！" ;
```

```
        }
        else
        {
    _root.state="提示信息：您答错了，请重新再猜！" ;
    _root.rec5._x=398 ;
    _root.rec5._y=211;
        }
    }
```

（6）测试动画。单击"控制/测试影片"命令（快捷键：Ctrl+Enter），可以测试动画。假设选择"猫"，拖动它，如果指的图片是猫，则会显示如图 5-66 所示的提示信息。

（7）如果指的不是"猫"图片，松开鼠标，则会显示错误提示信息，并且动物名称影片剪辑元件返回原来的位置，如图 5-67 所示。

图 5-66　正确情况下的提示信息

图 5-67　错误情况下的提示信息

本章小结

本章通过 4 个具体的案例讲解 Flash CS4 强大的鼠标动画特效，即动态改变图片的颜色与透明度、动态改变鼠标形状、彩柱舞动效果、猜图游戏。通过本章的学习，读者可以掌握 Flash CS4 制作鼠标动画特效的常用方法与技巧，从而设计出功能强大的鼠标随动、拖动等动画特效。

第6章　菜单和声音动画特效

本章重点讲解 Flash CS4 强大的菜单和声音动画特效，即利用 Flash CS4 可以轻松制作 Windows 下拉菜单、右键环境菜单效果，还可以设计制作声音特效动画特效，具体内容如下：

➢　下拉菜单特效

➢　右键菜单特效

➢　水泡声音动画特效

➢　MP3 播放器

案例 6.1　下拉菜单特效

6.1.1　案例说明与效果

本案例是利用 Flash 实现的一款下拉菜单特效，动画运行后，效果如图 6-1 所示。。

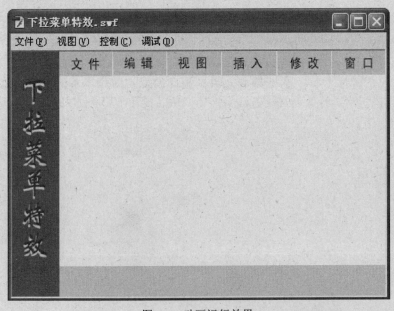

图 6-1　动画运行效果

移动鼠标，指向不同的菜单，就会显示该菜单的下一级子菜单，并且在指向菜单时，菜单的颜色也会随着改变，如图 6-2 所示。

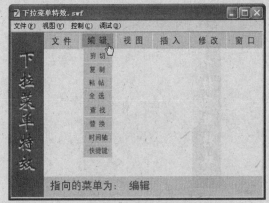
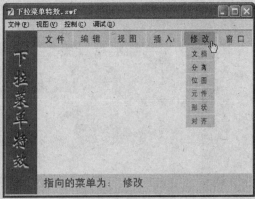

（a）编辑下拉菜单　　　　　　　　　　　　　　（b）修改下拉菜单

图 6-2　下拉菜单特效

6.1.2　技术要点与分析

本案例利用矩形工具制作动画界面和按钮元件，然后利用文字工具设计制作下拉菜单效果，最后通过添加 Action 代码，实现下拉菜单特效。

这里主要是利用按钮元件的 rollOver 事件来实现其功能，具体代码如下：

```
btn_file.onRollOver = function()    //按钮的 rollOver 事件
{
  gotoAndPlay(2);                   //跳转到第 2 帧
  tishi = "指向的菜单为：文件" ；    //状态栏提示信息
};
```

6.1.3　实现过程

1．动画界面设计

（1）双击桌面上的 图标，打开 Flash CS4 软件，单击 "文件/新建" 命令（快捷键：Ctrl+N），新建 Flash 文档。

（2）单击 "文件/保存" 命令（快捷键：Ctrl+S），保存文件名为 "下拉菜单特效"，文件类型为 "Flash CS4 文档（*.fla）"。

（3）单击 "修改/文档" 命令（快捷键：Ctrl+J），弹出 "文档属性" 对话框，设置尺寸大小为 450 像素×300 像素，帧频为 12fps，单击 "确定" 按钮。

（4）单击工具箱中的矩形工具 ，设置填充颜色为 "红色"，无边框，绘制矩形，绘制后再调整其位置及大小，如图 6-3 所示。

（5）单击工具箱中的文字工具 T ，输入文字 "下拉菜单特效"，设置字体颜色为 "黄色"，字体大小为 35 点，字体系列为 "华文新魏"，如图 6-4 所示。

（6）选择刚输入的文字，按 Ctrl+C 键复制 1 个，然后按 Ctrl+V 键，粘贴，调整其位置及颜色后效果如图 6-5 所示。

（7）单击工具箱中的矩形工具 ，设置填充颜色为 "淡灰色"，无边框，按下鼠标左键，绘制矩形，调整其位置后如图 6-6 所示。

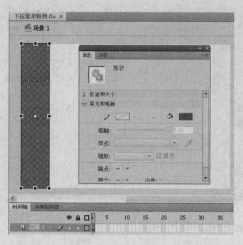

图 6-3　绘制矩形

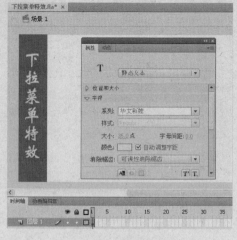

图 6-4　输入文字

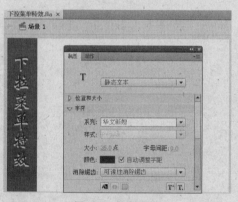

图 6-5　复制文字

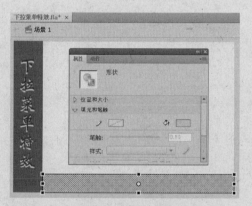

图 6-6　绘制矩形

（8）单击工具箱中的文字工具 **T**，设置文字系列为"动态文字"，颜色为"红色"，字体大小为 20 点，如图 6-7 所示。

　　注意：为了引用动态文本，还要为动态文本设置变量名，在这里设置变量名为 tishi，这个变量名会在 Action 中用到，如图 6-8 所示。

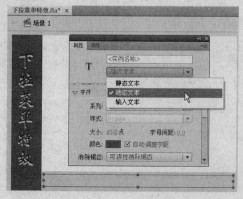

图 6-7　动态文本

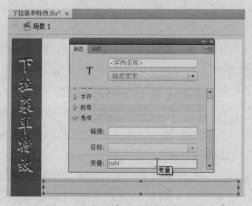

图 6-8　为动态文本设置变量名

（9）制作按钮。单击"插入/新建元件"命令（快捷键：Ctrl+F8），弹出"创建新元件"对话框，设置类型为"按钮"，如图 6-9 所示。

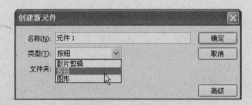

图 6-9　"创建新元件"对话框

（10）单击"确定"按钮。单击工具箱中的矩形工具 ，设置填充色为"淡灰色"，无边框，按下鼠标左键，绘制矩形，调整其大小与位置后如图 6-10 所示。

（11）选择"指针经过"帧，右击，在弹出的快捷菜单中单击"插入关键帧"命令；然后再绘制一个矩形，设置填充颜色为"灰色"，调整位置后如图 6-11 所示。

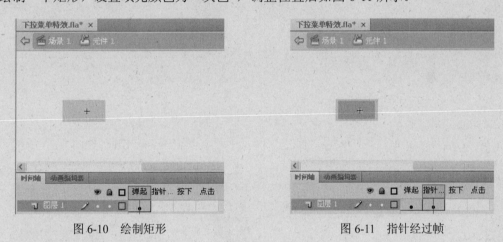

图 6-10　绘制矩形　　　　　　　　　　图 6-11　指针经过帧

（12）单击"场景 1"，返回场景。

（13）单击"窗口/库"命令（快捷键：Ctrl+L），打开"库"面板，选择按钮元件 1，按下鼠标左键将其拖入到场景中，调整其位置及大小，如图 6-12 所示。

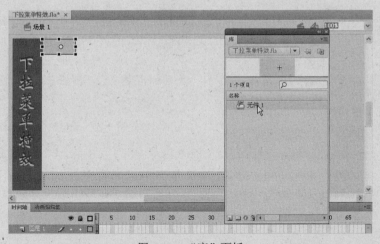

图 6-12　"库"面板

（14）选择刚拖入的按钮，按 Ctrl+D 键，直接复制 5 个，然后调整它们的位置，如图 6-13 所示。

（15）单击工具箱中的文字工具 T，设置文字类型为"静态文字"，字体系列为"黑体"，大小为 15 点，颜色为"黑色"，输入"文件"两字，调整其位置后如图 6-14 所示。

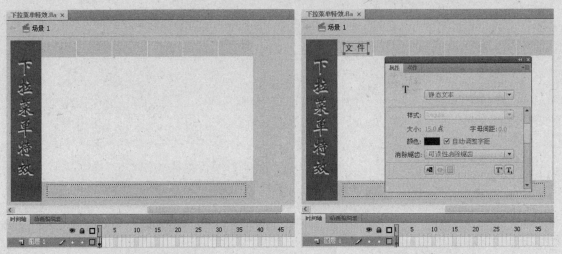

图 6-13　复制按钮　　　　　　　　　　　图 6-14　输入文字

（16）同理，再输入其他菜单名，调整文字样式及位置，效果如图 6-15 所示。

（17）选择"文件"按钮，在"属性"面板中设置其名为 btn_file，如图 6-16 所示。

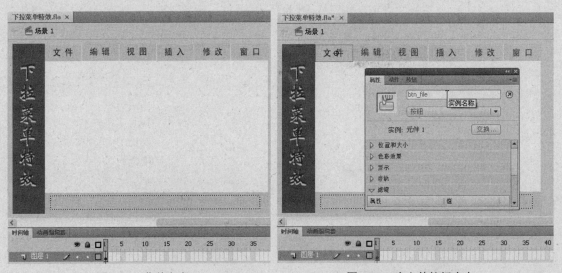

图 6-15　菜单文字　　　　　　　　　　　图 6-16　为文件按钮命名

（18）同理，为"编辑"、"视图"、"插入"、"修改"、"窗口"按钮命名，分别为 btn_edit、btn_view、btn_insert、btn_modify、btn_window，如图 6-17 所示。

（19）选择"时间轴"面板中图层 1 的第 2 帧，右击，在弹出的快捷菜单中单击"插入关键帧"命令，然后再从库中拖入按钮，对其进行复制，并进行大小、位置上的调整，效果如图 6-18 所示。

图 6-17　为其他按钮命名

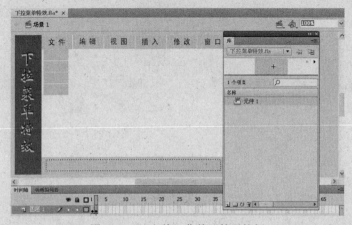

图 6-18　"文件"菜单下的子按钮

（20）单击工具箱中的文字工具 T，设置文字类型为"静态文字"，字体系列为"黑体"，大小为 12 点，颜色为"黑色"，输入"新建"两字，调整其位置后如图 6-19 所示。

（21）同理，再输入"文件"菜单的子按钮的名称，然后调整它们的位置及大小，如图 6-20 所示。

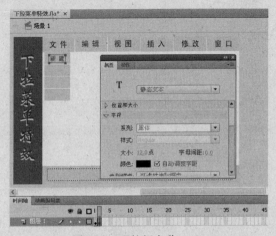

图 6-19　子按钮名称（1）

图 6-20　子按钮名称（2）

（22）选择"时间轴"面板中图层 1 的第 3 帧，右击，在弹出的快捷菜单中单击"插入关键帧"命令，然后设置其界面，设计方法同第 2 帧，设置完成后效果如图 6-21 所示。

（23）选择"时间轴"面板中图层 1 的第 4 帧，右击，在弹出的快捷菜单中单击"插入关键帧"命令，然后设置其界面，设计方法同第 2 帧，设置完成后效果如图 6-22 所示。

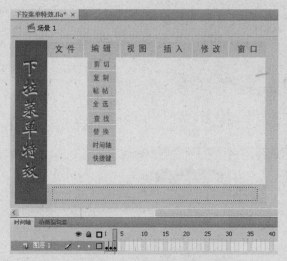

图 6-21　第 3 帧界面效果　　　　　　　图 6-22　第 4 帧界面效果

（24）选择"时间轴"面板中图层 1 的第 5 帧，右击，在弹出的快捷菜单中单击"插入关键帧"命令，然后设置其界面，设计方法同第 2 帧，设置完成后效果如图 6-23 所示。

（25）选择"时间轴"面板中图层 1 的第 6 帧，右击，在弹出的快捷菜单中单击"插入关键帧"命令，然后设置其界面，设计方法同第 2 帧，设置完成后效果如图 6-24 所示。

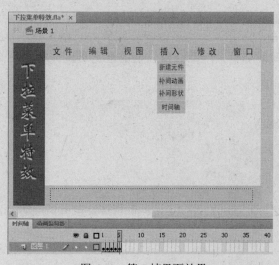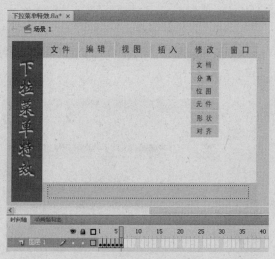

图 6-23　第 5 帧界面效果　　　　　　　图 6-24　第 6 帧界面效果

（26）选择"时间轴"面板中图层 1 的第 7 帧，右击，在弹出的快捷菜单中单击"插入关键帧"命令，然后设置其界面，设计方法同第 2 帧，设置完成后效果如图 6-25 所示。

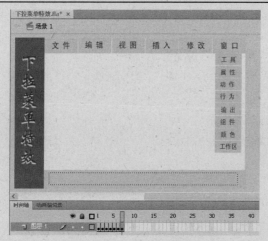

图 6-25　第 7 帧界面效果

2. 添加 Action 代码及动画的测试

（1）添加关键帧代码。选择"时间轴"上图层 1 的第 1 帧，按 F9 键，打开"动作"面板，输入如下代码：

```
stop();
```

（2）同理，把图层 1 中的第 2、3、4、5、6、7 帧都添加 stop 命令，这时界面如图 6-26 所示。

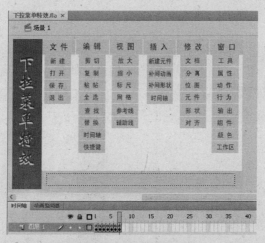

图 6-26　添加关键帧代码

（3）新建图层。单击"时间轴"面板中的 按钮，新建图层 2。

（4）选择"时间轴"面板中图层 2 的第 1 帧，按 F9 键，打开"动作"面板，输入如下代码：

```
btn_file.onRollOver = function()
{
  gotoAndPlay(2);
  tishi = "指向的菜单为：文件";
};
btn_edit.onRollOver = function()
```

```
{
  gotoAndPlay(3);
    tishi = "指向的菜单为：编辑" ;
 };
btn_view.onRollOver = function()
{
  gotoAndPlay(4);
    tishi = "指向的菜单为：视图" ;
 };
btn_insert.onRollOver = function()
{
  gotoAndPlay(5);
    tishi = "指向的菜单为：插入" ;
 };
 btn_modify.onRollOver = function()
{
  gotoAndPlay(6);
    tishi = "指向的菜单为：修改" ;
 };
 btn_window.onRollOver = function()
{
  gotoAndPlay(7);
    tishi = "指向的菜单为：窗口" ;
 };
```

（5）测试动画。单击"控制/测试影片"命令（快捷键：Ctrl+Enter），鼠标指向不同的菜单，就会显示其下拉菜单，并显示相应的提示信息，如图 6-27 所示。

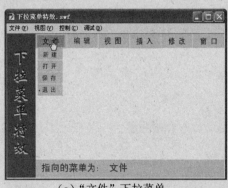
（a）"文件"下拉菜单

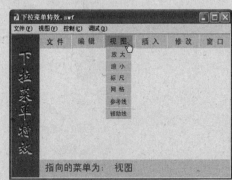
（b）"视图"下拉菜单

图 6-27　下拉菜单效果

案例 6.2　右键菜单特效

6.2.1　案例说明与效果

本案例讲解如何利用 Flash 实现 Windows 菜单中的右键环境菜单功能，动画运行后，右击，这时会弹出右键环境菜单，如图 6-28 所示.。

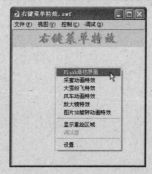

图 6-28　动画运行效果

单击不同的菜单命令，就会显示不同的动画界面，如图 6-29 所示。

（a）采蜜动画特效　　　　　（b）图片 3D 旋转动画特效

图 6-29　右键菜单特效

单击"Flash 最初界面"命令，即可返回动画运行界面。

6.2.2　技术要点与分析

本案例利用矩形工具和文字工具设计动画界面，然后通过 Action 代码实现右键菜单效果。利用 ContextMenu 类创建右键菜单实例，具体代码如下：

```
var menu = new ContextMenu();
```
接下来利用右键菜单实例的 hideBuiltInItems()方法隐藏子菜单，具体代码如下：
```
menu.hideBuiltInItems();
```
然后，利用右键菜单实例的 customItems 对象的 push()方法添加子菜单，具体代码如下：
```
menu.customItems.push(new ContextMenuItem("初识界面", a));
menu.customItems.push(new ContextMenuItem("GIF动画增加与减少", h1));
```
最后，编写自定义函数，实现右键菜单功能，具体代码如下：
```
function a() {                    //自定义 a 函数
 _root.gotoAndStop(1);           //跳转到第 1 帧，并停止播放
}
```

6.2.3　实现过程

1．动画界面设计

（1）双击桌面上的 图标，打开 Flash CS4 软件，单击"文件/新建"命令（快捷键：

Ctrl+N)，新建 Flash 文档。

（2）单击"文件/保存"命令（快捷键：Ctrl+S），保存文件名为"右键菜单特效"，文件类型为"Flash CS4 文档（*.fla）"。

（3）单击"修改/文档"命令（快捷键：Ctrl+J），弹出"文档属性"对话框，设置尺寸大小为 300 像素×300 像素，帧频为 12fps，单击"确定"按钮。

（4）单击工具箱中的矩形工具 ，设置填充颜色为"黄色"，无边框，绘制矩形，绘制后再调整其位置及大小，如图 6-30 所示。

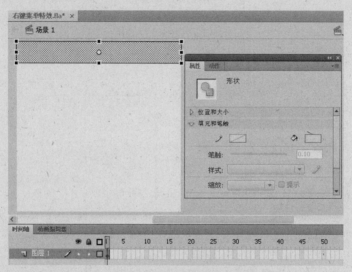

图 6-30　绘制矩形

（5）单击工具箱中的文字工具 T ，输入文字"右键菜单特效"，设置字体颜色为"红色"，字体大小为 30，字体系列为"华文新魏"，如图 6-31 所示。

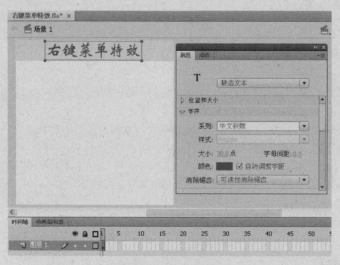

图 6-31　输入文字

（6）选择刚输入的文字，按 Ctrl+C 键复制 1 个，然后按 Ctrl+V 键粘贴，调整其位置及颜色后效果如图 6-32 所示。

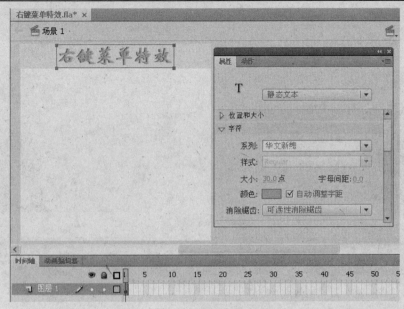

图 6-32　复制文字

（7）选择"时间轴"面板中图层 1 的第 2 帧，右击，在弹出的快捷菜单中单击"插入关键帧"命令，如图 6-33 所示。

（8）导入图片。单击"文件/导入/导入到舞台"命令（快捷键：Ctrl+R），弹出"导入"对话框，选择要导入的图片，单击"打开"按钮，把图片导入到场景，如图 6-34 所示。

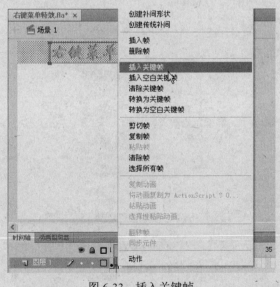

图 6-33　插入关键帧

图 6-34　第 2 帧效果

（9）选择"时间轴"面板中图层 1 的第 3 帧，右击，在弹出的快捷菜单中单击"插入关键帧"命令，然后选择图片，按 Delete 键删除，然后再导入其他图片，如图 6-35 所示。

（10）选择"时间轴"面板中图层 1 的第 4 帧，右击，在弹出的快捷菜单中单击"插入关键帧"命令，然后选择图片，按 Delete 键删除，然后再导入其他图片，如图 6-36 所示。

图 6-35　第 3 帧效果

图 6-36　第 4 帧效果

（11）选择"时间轴"面板中图层 1 的第 5 帧，右击，在弹出的快捷菜单中单击"插入关键帧"命令，然后选择图片，按 Delete 键删除，然后再导入其他图片，如图 6-37 所示。

（12）选择"时间轴"面板中图层 1 的第 6 帧，右击，在弹出的快捷菜单中单击"插入关键帧"命令，然后选择图片，按 Delete 键删除，然后再导入其他图片，如图 6-38 所示。

图 6-37　第 5 帧效果

图 6-38　第 6 帧效果

2. 添加 Action 代码及动画的测试

（1）新建图层。单击"时间轴"面板中的 按钮，新建图层 2。

（2）选择图层 2 的第 1 帧，按 F9 键，打开"动作"面板，输入如下代码：

```
stop() ;
var menu = new ContextMenu();              //创建新右键菜单实例
menu.hideBuiltInItems();                   //隐藏子菜单
```

```
                                   //添加 6 个子菜单
menu.customItems.push(new ContextMenuItem("Flash 最初界面", a));
menu.customItems.push(new ContextMenuItem("采蜜动画特效", h1));
menu.customItems.push(new ContextMenuItem("大雪纷飞特效", h2));
menu.customItems.push(new ContextMenuItem("风车动画特效", h3));
menu.customItems.push(new ContextMenuItem("放大镜特效", h4));
menu.customItems.push(new ContextMenuItem("图片 3D 旋转动画特效", h5));
function a() {                  //自定义 a 函数
  _root.gotoAndStop(1);        //跳转到第 1 帧，并停止播放
}
function h1() {
  _root.gotoAndStop(2);
}
function h2() {
  _root.gotoAndStop(3);
}
function h3() {
  _root.gotoAndStop(4);
}
function h4() {                 //自定义 h4 函数
  _root.gotoAndStop(5);        //跳转到第 5 帧，并停止播放
}
function h5() {
  _root.gotoAndStop(6);
}
_root.menu = menu;
```

（3）测试动画。单击"控制/测试影片"命令（快捷键：Ctrl+Enter），运行动画，右击，就会弹出右键菜单，如图 6-39 所示。

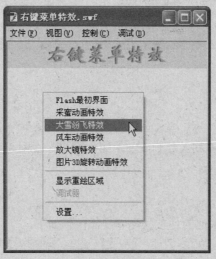

图 6-39　右键菜单

（4）在右键菜单中单击不同的菜单，就会显示不同的界面，效果如图 6-40 所示。

（a）大雪纷飞特效　　　　　　　　（b）风车动画特效

图 6-40　不同右键菜单的界面效果

案例 6.3　水泡声音动画特效

6.3.1　案例说明与效果

本案例利用 Action 代码来复制多个影片剪辑元件，并设置它们的位置、大小及透明度，从而制作出漂亮的水泡冒起特效，并且伴着水流的声音，效果如图 6-41 所示。

图 6-41　水泡声音动画特效

6.3.2　技术要点与分析

本案例利用图片做背景，然后导入声音并编辑，从而实现水泡冒起声音动画效果。本案例是利用 Action 代码实现水泡动态复制、动态随机显示，从而实现水泡冒起动画效果。

随机显示水泡，具体代码如下：

```
var x = random(150)+1;
var y = random(4)+1;
```

动态复制水泡，并设置水泡的各项属性，具体代码如下：

```
this.duplicateMovieClip("pao"+n, n);              //复制影片剪辑元件
    setProperty("pao"and n,_alpha,random(30)+random(70)); //设置影片剪辑元件Alpha值
    mc = _parent["pao"+n];
    mc._xscale = mc._yscale=random(70)+20;        //设置影片剪辑元件X和Y缩放比例
```

6.3.3 实现过程

1. 动画界面设计

（1）双击桌面上的 ![图标] 图标，打开 Flash CS4 软件，单击"文件/新建"命令（快捷键：Ctrl+N），新建 Flash 文档。

（2）单击"文件/保存"命令（快捷键：Ctrl+S），保存文件名为"水泡声音动画特效"，文件类型为"Flash CS4 文档（*.fla）"。

（3）单击"修改/文档"命令（快捷键：Ctrl+J），弹出"文档属性"对话框，设置尺寸大小为 400 像素×200 像素，帧频为 24fps，单击"确定"按钮。

（4）导入图片。单击"文件/导入/导入到舞台"命令（快捷键：Ctrl+R），弹出"导入"对话框，选择要导入的图片，单击"打开"按钮，把图片导入到场景中，如图 6-42 所示。

（5）单击工具箱中的文字工具 **T**，然后输入"水泡声音动画"，设置字体颜色为"黄色"，字体大小为 26 点，字体系列为"华文新魏"，如图 6-43 所示。

图 6-42　导入图片　　　　　　　　　　　图 6-43　输入文字

（6）选择刚输入的文字，按 Ctrl+C 键复制 1 个，然后按 Ctrl+V 键粘贴，调整其位置及颜色后效果如图 6-44 所示。

（7）水泡影片剪辑元件。单击"插入/新建元件"命令（快捷键：Ctrl+F8），弹出"创建新元件"对话框，设置类型为"影片剪辑"，如图 6-45 所示。

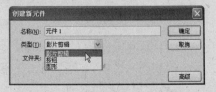

图 6-44　复制文字　　　　　　　　　　　图 6-45　"创建新元件"对话框

（8）设置好后，单击"确定"按钮。单击工具箱中的椭圆工具 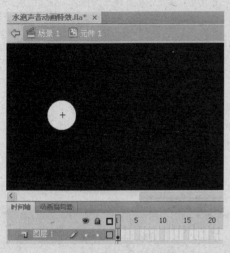，按 Shift 键绘制圆，如图 6-46 所示。

（9）选择刚绘制的圆，单击"窗口/颜色"命令（快捷键：Shift+F9），打开"颜色"面板，设置颜色类型为"放射状"，然后调整颜色，效果如图 6-47 所示。

图 6-46　绘制圆形　　　　　　　　　　　　　　图 6-47　调整小圆的颜色

（10）从左到右，选择混色器中的第 1 个色瓶，设置其不透明度为 60%；选择第 2 个色瓶，设置其不透明度为 30%；选择第 3 个色瓶，设置其不透明度为 50%；选择第 4 个色瓶，设置其不透明度为 0%，设置好后，效果如图 6-48 所示。

图 6-48　设置色瓶的不透明度

（11）单击"场景 1"，返回场景。

（12）单击"窗口/库"命令（快捷键：Ctrl+L），打开"库"面板，然后选择影片剪辑元件 1，按下鼠标，将其拖入到场景中，效果如图 6-49 所示。

图 6-49　把影片剪辑元件拖入场景中

2．声音的导入及编辑

（1）导入声音。单击"文件/导入/导入到舞台"命令（快捷键：Ctrl+R），弹出"导入"对话框，如图 6-50 所示。

（2）选择声音文件"水 01.WAV"，单击"打开"按钮，此时发现场景中没有声音文件。

（3）单击"窗口/库"命令（快捷键：Ctrl+L），打开"库"面板，在"库"面板中就可以看到刚导入的声音文件了，如图 6-51 所示。

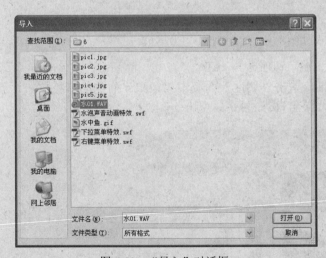

图 6-50　"导入"对话框

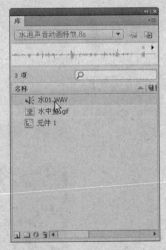

图 6-51　"库"面板

（4）选择"时间轴"面板中图层 1 的第 90 帧，右击，在弹出的快捷菜单中单击"插入帧"命令，如图 6-52 所示。

（5）新建图层。单击"时间轴"面板中的 按钮，新建图层 2。

（6）选择"库"面板中的声音文件并拖入到场景中，这样，就在场景中添加了声音，如图 6-53 所示。

图 6-52 插入帧

图 6-53 把声音拖入到场景中

（7）这时，按 Enter 键播放动画，就可以听到声音了。

（8）还可以进一步编辑声音效果，单击"属性"面板中"效果"右侧的下拉按钮，就可以看到所有声音效果，在这里选择"淡出"，如图 6-54 所示。

图 6-54 编辑声音效果

（9）再按 Enter 键播放动画，就可以听到声音由大变小的播放。

（10）单击"属性"面板中的 ✐ 按钮，弹出"编辑封套"对话框，可以进一步编辑声音变化，如图 6-55 所示。

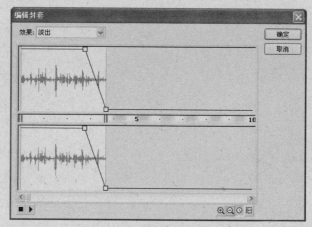

图 6-55　"编辑封套"对话框

3. 添加 Action 代码及动画的测试

（1）选择场景中的影片剪辑，然后在"属性"面板中为其命名为 pao，这样就可以利用 Action 代码来控制该影片剪辑元件，如图 6-56 所示。

图 6-56　为影片剪辑命名

（2）选择刚命名的影片剪辑，按 F9 键，弹出"动作"面板，然后添加影片剪辑加载事件代码，具体如下：

```
onClipEvent (load)          //影片剪辑元件加载事件
{
  var n = 0;                //为变量赋值
  var i = 0;
  var x = random(150)+1;
```

```
var y = random(4)+1;
var c = Math.pow(-1, random(2));          //调用乘方函数 pow()
}
```

（3）选择刚命名的影片剪辑，按 F9 键，弹出"动作"面板，然后添加影片剪辑帧帧事件代码，具体如下：

```
onClipEvent (enterFrame)                   //影片剪辑元件帧帧事件
{
  if (_name != "pao")
  {
      _x = x*c*Math.cos(i += 0.1)+200;
      _y -= y;                             //为 pao 影片剪辑赋 X 和 Y 坐标值
      if (_y<0) {
          this.removeMovieClip();          //删除影片剪辑元件
      }
  }
else {
      n = (n>50) ? 0 : n+1;
      this.duplicateMovieClip("pao"+n, n); //复制影片剪辑元件
      setProperty("pao"and n,_alpha,random(30)+random(70)); //设置影片剪辑元件Alpha 值
      mc = _parent["pao"+n];
      mc._xscale = mc._yscale=random(70)+20; //设置影片剪辑元件 X 和 Y 缩放比例
  }
}
```

（4）测试动画。单击"控制/测试影片"命令（快捷键：Ctrl+Enter），运行动画，就可以看到水泡声音动画效果，如图 6-57 所示。

图 6-57   水泡声音动画效果

案例 6.4   MP3 播放器

6.4.1   案例说明与效果

本案例是一款利用 Media 组件及 XML 文件来实现 MP3 音乐播放器特效，动画运行后，效果如图 6-58 所示。

图 6-58　MP3 播放器

在该 MP3 播放器中，可以看到当前歌曲的播放进度及播放时间，可以暂停、继续播放，还可以调整音乐的音量。

6.4.2　技术要点与分析

本案例利用矩形工具和文字工具设计动画界面，然后编写 XML 文档，再添加 MediaController 组件和 MediaDisplay 组件，最后通过添加 Action 代码，实现 MP3 播放器功能。

6.4.3　实现过程

1. 动画界面设计

（1）双击桌面上的 图标，打开 Flash CS4 软件，单击"文件/新建"命令（快捷键：Ctrl+N），新建 Flash 文档。

（2）单击"文件/保存"命令（快捷键：Ctrl+S），保存文件名为"MP3 播放器"，文件类型为"Flash CS4 文档（*.fla）"。

（3）单击"修改/文档"命令（快捷键：Ctrl+J），弹出"文档属性"对话框，设置尺寸大小为 300 像素×140 像素，帧频为 24fps，单击"确定"按钮。

（4）单击工具箱中的矩形工具 ，设置填充颜色为"红色"，无边框，绘制矩形，绘制后再调整其位置及大小，如图 6-59 所示。

图 6-59　绘制矩形

（5）单击工具箱中的选择工具 ，选择矩形的一部分，设置填充色为"金黄色"，如图 6-60 所示。

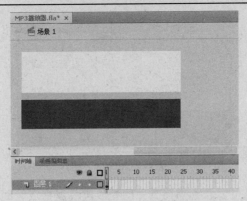

图 6-60 改变矩形局部的颜色

（6）单击工具箱中的文字工具 T ，输入文字"MP3 播放器"，设置字体颜色为黄色，字体大小为 26 点，字体系列为"华文新魏"，如图 6-61 所示。

图 6-61 输入文字

（7）添加 Media 组件。单击"窗口/组件"命令（快捷键：Ctrl+F7），打开"组件"面板，如图 6-62 所示。

图 6-62 组件面板

（8）单击"窗口/库"命令（快捷键：Ctrl+L），打开"库"面板，然后把组件面板中的 MediaController 和 MediaDisplay 组件拖入到"库"面板中，如图 6-63 所示。

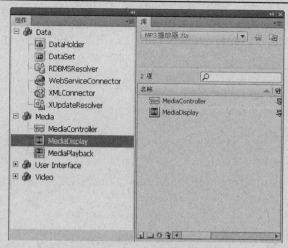

图 6-63　向"库"面板中添加组件

（9）这样，就可以通过代码来引用这两个组件了。

2. 编写 XML 文档

（1）双击桌面上的 图标，打开记事本，输入如下代码：

```
<?xml version="1.0" encoding="utf-8"?>
<mp3Lists>
  <item title="love.mp3"/>
  <item title="know.mp3"/>
</mp3Lists>
```

（2）保存文件。单击"文件/另存为"命令，弹出"另存为"对话框，设置文件类型为"所有文件"，文件名为 mp3list.xml，如图 6-64 所示。

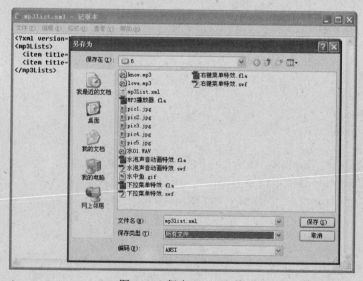

图 6-64　保存 XML 文件

注意：要保存的 XML 文件要与 Flash 文件保存在同一个文件夹中，并且在 XML 文件中所使用的两个 MP3 歌曲文件也要放在该文件夹中。

3. 添加 Action 代码及动画的测试

（1）选择图层 1 的第 1 帧，按 F9 键，打开"动作"面板，输入如下代码：

```
function initMp3()
{
 iflag = 1;
            //播放歌曲的标识
 n = 0;
 mp3Controller();
};
            //将 MediaController 和 MediaDisplay 组件载入舞台并初始化
function mp3Controller()
{
 //将 MediaDisplay 组件载入舞台并给定义实例名 "mp3Container" + iflag
 _root.attachMovie("MediaDisplay","myContainer" + iflag,2);
 //设置组件初始参数
 with(_root["myContainer" + iflag]){
      _x = 300;
      _y = 0;
      setMedia(mp3Array[n],"MP3");

 }
 //将 MediaController 组件载入舞台并给定义实例名 "mp3Controller" + iflag
 _root.attachMovie("MediaController","myController" + iflag,1);
 //设置组件初始参数
 with(_root["myController" + iflag]){
      _x = 0;
      _y = 0;
      activePlayControl = false;
      controllerPolicy = "on";
      //将 MediaController 和 MediaDisplay 组件相关联
     associateDisplay(_root["myContainer" + iflag]);
 };
};
function playNext()
{
 //将 MediaController 和 MediaDisplay 组件从舞台上删除
 _root["myController" + iflag].removeMovieClip();
 _root["myContainer" + iflag].removeMovieClip();
 iflag += 1;
 n += 1;
 //如果播放到歌曲的最后一首，将 n = 0，意为将从头开始播放
 if(n == mp3Total) n = 0;
 //重新载入 MediaController 和 MediaDisplay 组件，并给一个新的实例名
 mp3Controller();
 //因为每播放完一首歌曲后 MediaController 和 MediaDisplay 组件从舞台上被卸载
 //然后又重新载入 MediaController 和 MediaDisplay 组件并给了另外一个实例名
```

```
    //所以要重新向注册的监听器广播事情
    _root["myContainer" + iflag].addEventListener("complete", mp3Listener);
};
```

（2）新建图层。单击"时间轴"面板中的 按钮，添加图层 2。

（3）选择图层 2 的第 1 帧，按 F9 键，打开"动作"面板，输入如下代码：

```
stop();
//定义数组 mp3Array，用来存储载入的 XML 文档中的歌曲名称
var mp3Array = new Array();
//定义歌曲的最大数目
var mp3Max:Number;
var mp3Xml = new XML();
mp3Xml.ignoreWhite = true;
mp3Xml.load("mp3list.xml");
mp3Xml.onLoad = function()
{
  var eNodes= mp3Xml.firstChild.childNodes;
  mp3Max = eNodes.length;
  for(var i=0;i<mp3Max;i++) mp3Array.push(eNodes[i].attributes["title"]);
    initMp3();
  _root["myContainer" + iflag].addEventListener("complete", mp3Listener);
};
var mp3Listener = new Object();
mp3Listener.complete = function(eventObject)
{
  playNext();
};
```

（4）测试动画。单击"控制/测试影片"命令（快捷键：Ctrl+Enter），运行动画，就可以听到悦耳的 MP3 歌曲了，如图 6-65 所示。

图 6-65　MP3 播放器

本章小结

本章通过 4 个具体的案例讲解 Flash CS4 强大的菜单和声音动画编辑功能，即下拉菜单特效、右键菜单特效、水泡声音动画特效、MP3 播放器。通过本章的学习，读者可以掌握 Flash CS4 制作菜单动画特效的常用方法与技巧，从而设计出功能强大的菜单动画特效。

第 7 章　网页动画特效

本章重点讲解了 Flash CS4 强大的网页动画特效，即利用 Flash CS4 可以轻松制作网站 LOGO、网站对联式广告、网站横式广告特效，具体内容如下：

➢ 网站横式广告条
➢ 网站 LOGO 特效
➢ 网站对联汽车广告特效

案例 7.1　网站横式广告条

7.1.1　案例说明与效果

本案例是一款网站横式广告条动画特效，动画运行后，一个喇叭在不断地吹，并且广告语眩目显示，具体效果如图 7-1 所示。

图 7-1　网站横式广告条效果

7.1.2　技术要点与分析

本案例利用图片做为动画的背景，利用 GIF 动画制作不断吹叫的喇叭，然后利用遮罩技术实现文字逐渐显示的动画效果，为了增加网站横式广告条效果，这里还制作了随着文字显示的多角星形动画效果。

7.1.3　实现过程

1. 动画界面设计

（1）双击桌面上的 图标，打开 Flash CS4 软件，单击"文件/新建"命令（快捷键：Ctrl+N），新建 Flash 文档。

（2）单击"文件/保存"命令（快捷键：Ctrl+S），保存文件名为"网站横式广告条"，文件类型为"Flash CS4 文档（*.fla）"。

（3）单击"修改/文档"命令（快捷键：Ctrl+J），弹出"文档属性"对话框，设置尺寸大小为 450 像素×120 像素，帧频为 12fps，单击"确定"按钮。

（4）导入图片。单击"文件/导入/导入到舞台"命令（快捷键：Ctrl+R），弹出"导入"对话框，选择要导入的图片，单击"打开"按钮，把图片导入到场景中，如图 7-2 所示。

（5）新建影片剪辑元件。单击"插入/新建元件"（快捷键：Ctrl+F8），弹出"创建新元件"对话框，设置类型为"影片剪辑"，如图 7-3 所示。

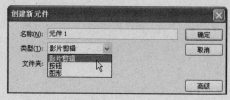

图 7-2　导入图片　　　　　　　　图 7-3　"创建新元件"对话框

（6）设置好后，单击"确定"按钮，向该影片剪辑中导入 GIF 动画，如图 7-4 所示。

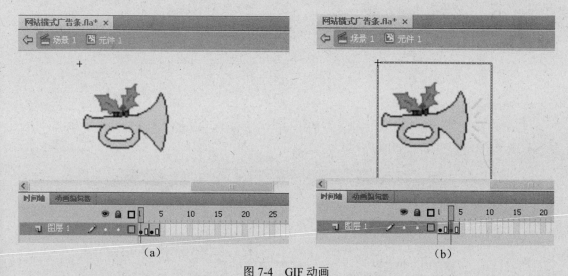

（a）　　　　　　　　　　　　　　（b）

图 7-4　GIF 动画

（7）单击"场景 1"，返回场景。

（8）单击"窗口/库"命令（快捷键：Ctrl+L），打开"库"面板，选择影片剪辑元件 1 并拖入到场景中，然后改变其大小与位置，如图 7-5 所示。

（9）单击工具箱中的任意变形工具，鼠标指向影片剪辑元件的边框，当鼠标指针形状变成时，按下鼠标左键，旋转元件，如图 7-6 所示。

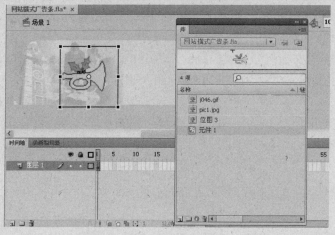

图 7-5　把影片剪辑拖入到场景中

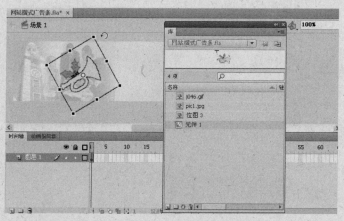

图 7-6　旋转元件

2. 文字遮罩动画

（1）选择"时间轴"面板中图层 1 的第 36 帧，右击，在弹出的快捷菜单中单击"插入帧"命令（快捷键：F5），如图 7-7 所示。

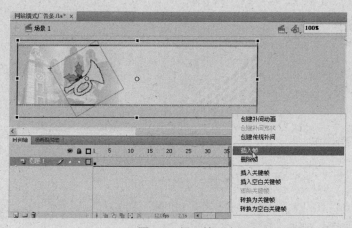

图 7-7　插入帧

（2）新建图层。单击"时间轴"面板中的 ◻ 按钮，新建图层 2。

（3）单击工具箱中的文字工具 T ，输入"专业打造网站横式广告条"，设置字体颜色为"暗红色"，字体大小为 26 点，字体系列为"华文新魏"，如图 7-8 所示。

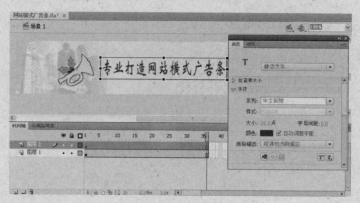

图 7-8　输入文字

（4）选择刚输入的文字，按 Ctrl+C 键复制 1 个，然后按 Ctrl+V 键粘贴，调整其位置及颜色，从而使文字看起来有立体效果，如图 7-9 所示。

图 7-9　复制文字

（5）单击"时间轴"面板中的 ◻ 按钮，新建图层 3。

（6）单击工具箱中的矩形工具 ◻ ，设置填充颜色为"深绿色"，无边框，绘制矩形，绘制后再调整其位置及大小，最后如图 7-10 所示。

图 7-10　绘制矩形

（7）选择"时间轴"面板中图层 3 的第 36 帧，右击，在弹出的快捷菜单中单击"插入关键帧"命令，然后改变矩形的大小，正好把文字给盖起来，如图 7-11 所示。

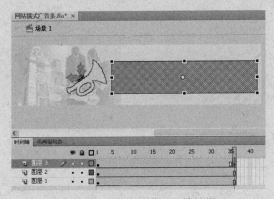

图 7-11　图层 3 的第 36 帧效果

（8）创建动画。选择图层 3 的第 1～36 帧中的任一帧，右击，在弹出的快捷菜单中单击"创建补间形状"命令，从而创建补间形状动画，如图 7-12 所示。

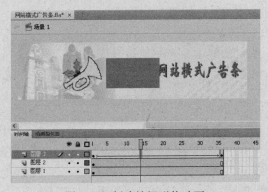

图 7-12　创建补间形状动画

（9）选择图层 3，右击，在弹出的快捷菜单中单击"遮罩层"命令，创建了遮罩动画，如图 7-13 所示。

图 7-13　遮罩动画

3．多角星形动画

（1）单击"时间轴"面板中的插入图层 ▢ 按钮，新建图层 4。

（2）单击工具箱中的多角星形工具 ◯，然后单击"属性"面板中的"选项"按钮，弹出"工具设置"对话框，在这里设置样式为"星形"，边数为 10，如图 7-14 所示。

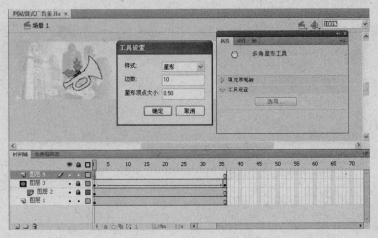

图 7-14 多角星形工具

（3）单击"确定"按钮。设置填充颜色为白色，无边框，按下鼠标左键，拖动鼠标绘制星形，如图 7-15 所示。

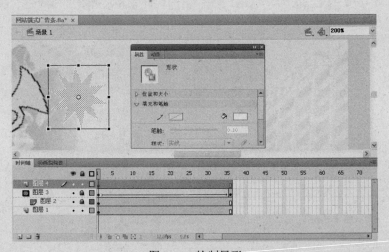

图 7-15 绘制星形

（4）选择星形，单击"修改/转换为元件"命令（快捷键：F8），弹出"转换为元件"对话框，设置类型为"影片剪辑"，如图 7-16 所示。

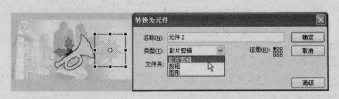

图 7-16 "转换为元件"对话框

（5）双击该影片剪辑元件，进入影片剪辑编辑区，选择"时间轴"面板中图层 1 的第 2 帧，右击，在弹出的快捷菜单中单击"插入关键帧"命令，然后调整多角星的形状，如图 7-17 所示。

（6）选择"时间轴"面板中图层 1 的第 3 帧，右击，在弹出的快捷菜单中单击"插入关键帧"命令，然后调整多角星的形状，最后如图 7-18 所示。

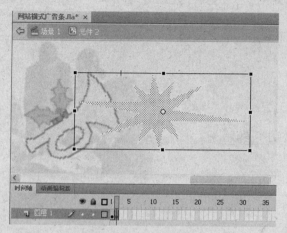

图 7-17　改变多角星的形状

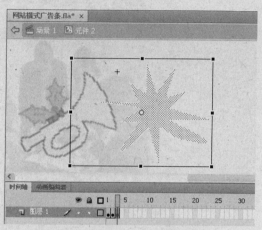

图 7-18　第 3 帧的图形效果

（7）单击"场景 1"，返回场景。

（8）选择图层 4 的第 36 帧，右击，在弹出的快捷菜单中单击"插入关键帧"命令，再调整多角星的位置，如图 7-19 所示。

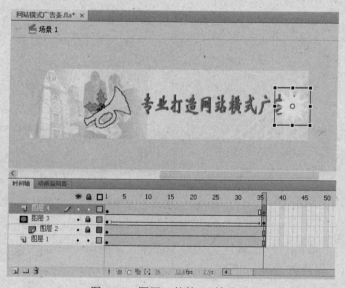

图 7-19　图层 4 的第 36 帧效果

（9）选择图层 4 的第 1～36 帧的任一帧，右击，在弹出的快捷菜单中单击"创建传统补间"命令，可创建动画，如图 7-20 所示。

（10）选择图层 1 和图层 2 的第 60 帧，右击，在弹出的快捷菜单中单击"插入帧"命令（快捷键：F5），如图 7-21 所示。

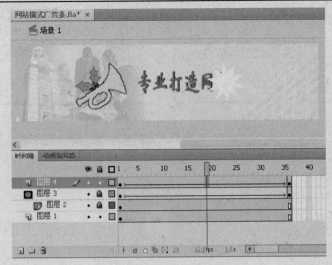

图 7-20　创建传统补间动画

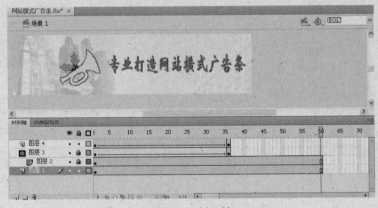

图 7-21　插入帧

（11）测试动画。单击"控制/测试影片"命令（快捷键：Ctrl+Enter），运行动画，可以看到网站横式广告条动画，如图 7-22 所示。

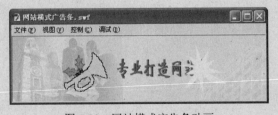

图 7-22　网站横式广告条动画

案例 7.2　网站 LOGO 特效

7.2.1　案例说明与效果

本案例是一款网站 LOGO 特效，动画运行后，首先看到两个箭头从两侧飞入，并伴随着直线渐渐变长，然后文字淡淡显示，具体效果如图 7-23 所示。

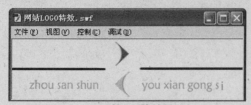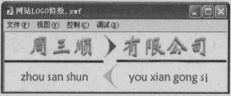

（a）第 15 帧效果   （b）第 25 帧效果

图 7-23   网站 LOGO 特效

7.2.2   技术要点与分析

本案例是利用矩形工具和椭圆工具制作箭头，然后把箭头变成图形元件，接着把箭头图形设计成传统补间动画。然后设计制作渐渐变长的直线形状动画效果、文字淡隐淡显动画效果及文字遮罩动画效果。

7.2.3   实现过程

1. 箭头图形元件

（1）双击桌面上的 图标，打开 Flash CS4 软件，单击"文件/新建"命令（快捷键：Ctrl+N），新建 Flash 文档。

（2）单击"文件/保存"命令（快捷键：Ctrl+S），保存文件名为"网站 LOGO 特效"，文件类型为"Flash CS4 文档（*.fla）"。

（3）单击"修改/文档"命令（快捷键：Ctrl+J），弹出"文档属性"对话框，设置尺寸大小为 400 像素×100 像素，帧频为 12fps，单击"确定"按钮。

（4）新建元件。单击"插入/新建元件"命令（快捷键：Ctrl+F8），弹出"创建新元件"对话框，设置类型为"图形"，如图 7-24 所示。

（5）设置好后，单击"确定"按钮。单击工具箱中的矩形工具 ，设置填充颜色为"灰色"，无边框，绘制矩形并旋转，如图 7-25 所示。

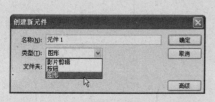

图 7-24   "创建新元件"对话框   图 7-25   绘制矩形并旋转

（6）单击工具箱中的椭圆工具 ，设置填充色为"红色"，无边框，按下鼠标左键，绘制椭形，然后调整其位置，效果如图 7-26 所示。

（7）选择椭圆，按 Delete 键进行删除，然后再改变图形的大小与位置，效果如图 7-27 所示。

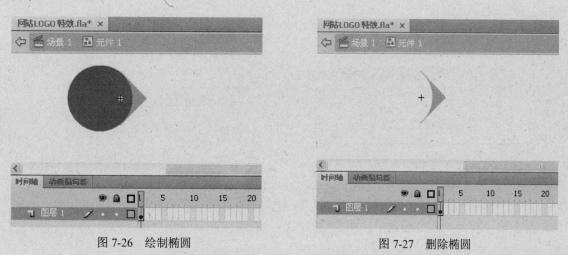

图 7-26　绘制椭圆　　　　　　　　　　　　　图 7-27　删除椭圆

（8）选择图形，单击"编辑/直接复制"命令（快捷键：Ctrl+D），复制 1 个图形，并改变其颜色为红色，如图 7-28 所示。

（9）选择图形，调整它们的位置后，单击"修改/组合"命令（快捷键：Ctrl+G），把图形变成一个组，然后调整图形的位置，效果如图 7-29 所示。

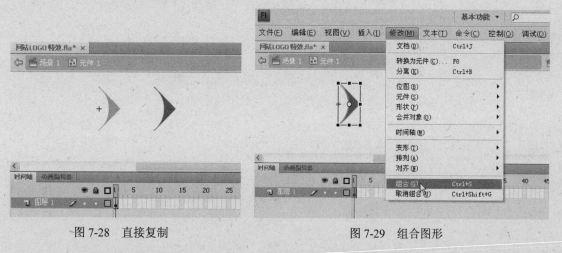

图 7-28　直接复制　　　　　　　　　　　　　图 7-29　组合图形

（10）选择图形元件 1 中的 2 个图形，按 Ctrl+C 键进行复制。目的是为了粘贴到另 1 个图形元件中，下面的步骤中会用到。

（11）单击"场景 1"，返回场景。

（12）单击"插入/新建元件"命令（快捷键：Ctrl+F8），弹出"创建新元件"对话框，设置类型为"图形"，如图 7-30 所示。

（13）单击"确定"按钮。按 Ctrl+V 键进行粘贴，这样就把图形元件 1 中的 2 个图形粘贴到这里，然后修改颜色为"金黄色"，如图 7-31 所示。

（14）单击"场景 1"，返回场景。

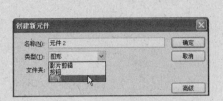

图 7-30　"创建新元件"对话框　　　　　　　图 7-31　粘贴图形

2. 箭头图形元件动画

（1）单击"窗口/库"命令（快捷键：Ctrl+L），打开"库"面板，选择图形元件 1，按下鼠标左键，将其拖入到场景中，并调整其大小与位置，如图 7-32 所示。

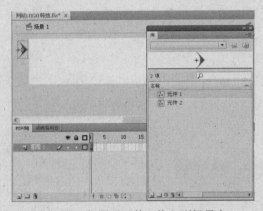

图 7-32　把图形元件 1 拖入到场景中

（2）选择场景中的图形元件 1，按 Ctrl+F3 键，打开"属性"面板，设置"样式"为Alpha，其值为 10%，如图 7-33 所示。

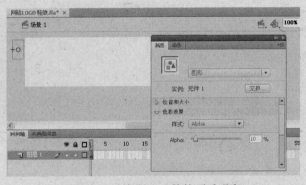

图 7-33　改变图形元件的不透明度

（3）选择"时间轴"面板中图层 1 的第 6 帧，右击，在弹出的快捷菜单中单击"插入关键帧"命令，插入关键帧。选择图形元件 1，调整其位置，然后改变其 Alpha 值为 100%，如图 7-34 所示。

图 7-34 图层 1 第 6 帧图形设置

（4）选择图层 1 中第 1～6 帧之间的任一帧，右击，在弹出的快捷菜单中单击"创建传统补间"命令，创建动画，如图 7-35 所示。

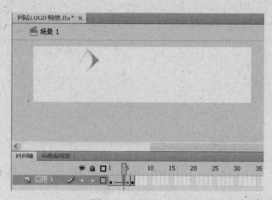

图 7-35 创建动画

（5）新建图层。单击"时间轴"面板中的 按钮，新建图层 2。

（6）从"库"面板中拖出图形元件 2，调整其位置，然后在"属性"面板中设置其Alpha 值为 10%，如图 7-36 所示。

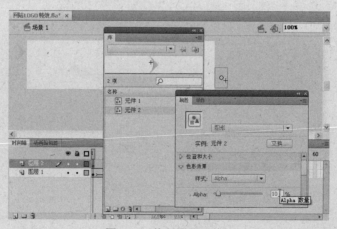

图 7-36 拖入图形元件 2

（7）选择"时间轴"面板中图层 2 的第 6 帧，右击，在弹出的快捷菜单中单击"插入关键帧"命令，然后调整图形元件 2 的位置，并改变其 Alpha 值为 100%，如图 7-37 所示。

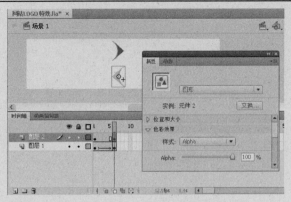

图 7-37   图层 2 的第 6 帧效果

（8）选择图层 2 上第 1～6 帧之间的任一帧，右击，在弹出的快捷菜单中单击"创建传统补间"命令，创建动画，如图 7-38 所示。

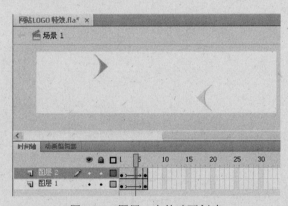

图 7-38   图层 2 上的动画创建

3．直线形状动画

（1）新建图层。单击"时间轴"面板中的 <img> 按钮，新建图层 3。

（2）选择图层 3 上的第 5 帧，右击，在弹出的快捷菜单中单击"插入空白关键帧"命令，如图 7-39 所示。

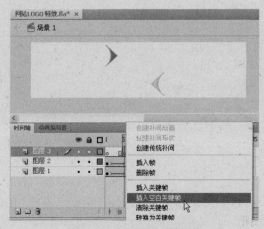

图 7-39   插入空白关键帧

（3）单击工具箱中的线条工具 ＼，设置直线的颜色为"蓝色"，宽度为 4，绘制小段直线，调整其位置后效果如图 7-40 所示。

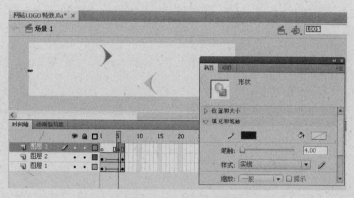

图 7-40　绘制直线

（4）选择图层 1 的第 15 帧，右击，在弹出的快捷菜单中单击"插入帧"命令。同理，选择图层 2 的第 15 帧，也插入帧。

（5）选择图层 3 的第 15 帧，右击，在弹出的快捷菜单中单击"插入关键帧"命令，然后改变直线的长度，如图 7-41 所示。

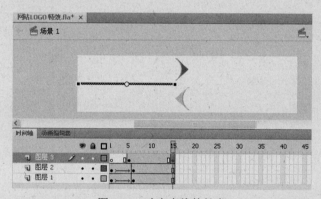

图 7-41　改变直线的长度

（6）选择图层 3 中第 5～15 帧之间的任一帧，右击，在弹出的快捷菜单中单击"创建补间形状"命令，这样就创建了形状动画，如图 7-42 所示。

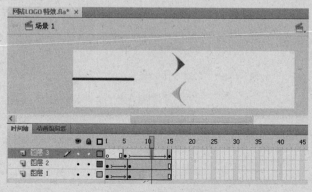

图 7-42　形状动画

（7）单击"时间轴"面板中的 ⊟ 按钮，新建图层 4。

（8）选择图层 4 上的第 5 帧，右击，在弹出的快捷菜单中单击"插入空白关键帧"命令。

（9）单击工具箱中的线条工具 ＼，设置直线的颜色为"蓝色"，宽度为 4，绘制小段直线，调整其位置后效果如图 7-43 所示。

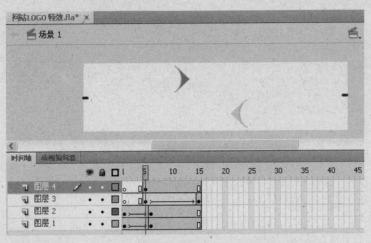

图 7-43　绘制直线

（10）选择图层 4 的第 15 帧，右击，在弹出的快捷菜单中单击"插入关键帧"命令，然后改变直线的长度，如图 7-44 所示。

（11）选择图层 4 中第 5～15 帧之间的任一帧，右击，在弹出的快捷菜单中单击"创建补间形状"命令，创建形状动画，如图 7-45 所示。

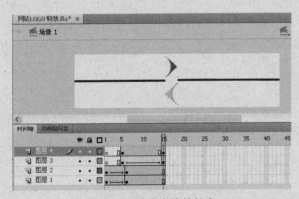
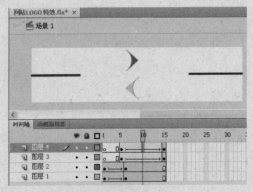

图 7-44　改变直线的长度　　　　　　　　图 7-45　创建形状动画

4. 文字隐显动画效果

（1）新建图层。单击"时间轴"面板中的 ⊟ 按钮，新建图层 5。

（2）选择图层 5 上的第 10 帧，右击，在弹出的快捷菜单中单击"插入空白关键帧"命令。

（3）单击工具箱中的文字工具 T，设置文字类型为"静态文字"，颜色为"暗红色"，字体大小为 20 点，然后在场景中单击，输入"zhou san shun you xian gong si"，调整其样式及位置后，效果如图 7-46 所示。

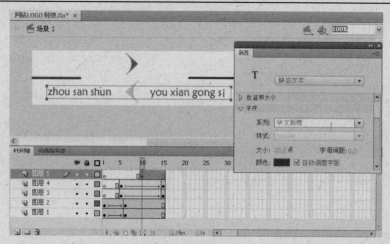

图 7-46　输入文字

（4）选择刚输入的文字，单击"修改/转换为元件"命令（快捷键：F8），弹出"转换为元件"对话框，设置类型为"图形"，如图 7-47 所示。

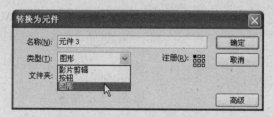

图 7-47　"转换为元件"对话框

（5）单击"确定"按钮，然后在"属性"面板中，设置颜色的 Alpha 值为 0%，如图 7-48 所示。

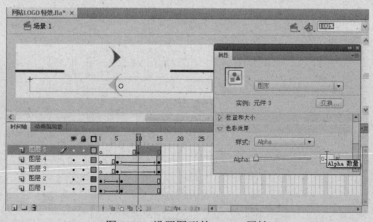

图 7-48　设置图形的 Alpha 属性

（6）选择图层 1 的第 20 帧，右击，在弹出的快捷菜单中单击"插入帧"命令，同理，在图层 2、图层 3、图层 4 的第 20 帧，也插入帧。

（7）选择图层 5 的第 20 帧，右击，在弹出的快捷菜单中单击"插入关键帧"命令，然后把图形的 Alpha 属性设置为 100%，如图 7-49 所示。

图 7-49　调整文字图形的透明度值

　　（8）选择图层 5 中第 10～20 帧之间的任一帧，右击，在弹出的快捷菜单中单击"创建传统补间"命令，创建动画，如图 7-50 所示。

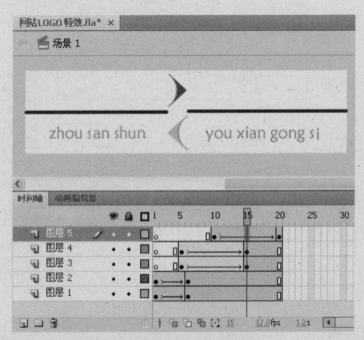

图 7-50　创建传统补间动画

5．文字遮罩动画效果

　　（1）单击"时间轴"面板中的 按钮，新建图层 6。

　　（2）选择图层 6 中的第 15 帧，右击，在弹出的快捷菜单中单击"插入空白关键帧"命令。

　　（3）单击工具箱中的文字工具 T，设置文字类型为"静态文字"，颜色为红色，然后在场景中单击，输入"周三顺有限公司"，调整其样式及位置后，效果如图 7-51 所示。

图 7-51　输入文字

（4）选择刚输入的文字，按 Ctrl+C 键复制 1 个，然后按 Ctrl+V 键粘贴，调整其位置及颜色后效果如图 7-52 所示。

（5）单击"时间轴"面板中的 按钮，新建图层 7。

（6）选择图层 7 中的第 15 帧，右击，在弹出的快捷菜单中单击"插入空白关键帧"命令。

（7）单击工具箱中的矩形工具，设置填充颜色为"深绿色"，无边框，绘制矩形，绘制后再调整其位置及大小，最后如图 7-53 所示。

图 7-52　复制文字　　　　　　　　　　图 7-53　绘制矩形

（8）选择图层 7 的第 25 帧，右击，在弹出的快捷菜单中单击"插入关键帧"命令，然后调整矩形的大小，如图 7-54 所示。

（9）选择图层 7 中第 15～25 帧之间的任一帧，右击，在弹出的快捷菜单中单击"创建补间形状"命令，创建形状动画，如图 7-55 所示。

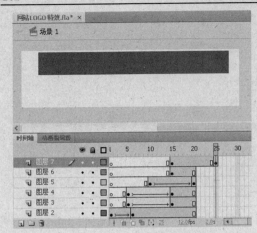

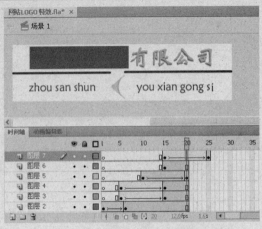

图 7-54　调整矩形的大小　　　　　　　　　　图 7-55　创建补间形状动画

（10）选择图层 1 的第 60 帧，右击，在弹出的快捷菜单中单击"插入帧"命令，同理，在图层 2、图层 3、图层 4、图层 5、图层 6、图层 7 的第 60 帧都插入帧。

（11）选择图层 7，右击，在弹出的快捷菜单中单击"遮罩层"命令，这样就产生了遮罩动画，如图 7-56 所示。

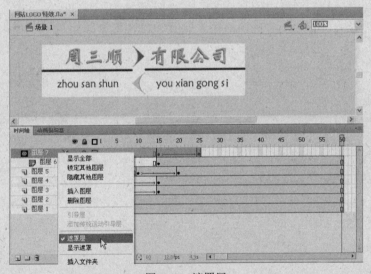

图 7-56　遮罩层

（12）测试动画。单击"控制/测试影片"命令（快捷键：Ctrl+Enter），运行动画，就可以看到网站 LOGO 动画，如图 7-57 所示。

图 7-57　网站 LOGO 动画效果

案例 7.3　网站对联汽车广告特效

7.3.1　案例说明与效果

本案例是一款网站对联汽车广告特效，动画运行后，星星闪动飞舞，汽车在不断变换、广告文字在不断眩悦，具体效果如图 7-58 所示。

图 7-58　网站对联汽车广告特效

7.3.2　技术要点与分析

本案例利用 GIF 动画制作汽车展示动画，利用图层制作文字动画，利用 Action 代码动态复制并随机显示星星动画。

利用 duplicateMovieClip()方法实现影片剪辑元件的复制，利用随机函数 random()随机缩放和旋转影片剪辑元件，具体代码如下：

```
if (this.i%Frame_num == 0) {
 mc = this.duplicateMovieClip ("bar_mc"+this.i, this.i); //复制影片元件
 mc._x = random (scene_width);      //设置mc元件的X坐标
 mc._y = random (scene_height);     //设置mc元件的Y坐标
                                    //设置mc元件的旋转角度
 mc._rotation = random (angle)+plus_angle;
 }
```

7.3.3　实现过程

1．影片剪辑元件

（1）双击桌面上的 图标，打开 Flash CS4 软件，单击"文件/新建"命令（快捷键：Ctrl+N），新建 Flash 文档。

（2）单击"文件/保存"命令（快捷键：Ctrl+S），保存文件名为"网站对联汽车广告特效"，文件类型为"Flash CS4 文档（*.fla）"。

（3）单击"修改/文档"命令（快捷键：Ctrl+J），弹出"文档属性"对话框，设置尺寸大小为 180 像素×100 像素，帧频为 12fps，单击"确定"按钮。

（4）新建元件。单击"插入/新建元件"命令（快捷键：Ctrl+F8），弹出"创建新元件"

对话框，设置类型为"影片剪辑"，如图 7-59 所示。

（5）单击"确定"按钮。单击"文件/导入/导入到舞台"命令（快捷键：Ctrl+R），弹出"导入"对话框，如图 7-60 所示。

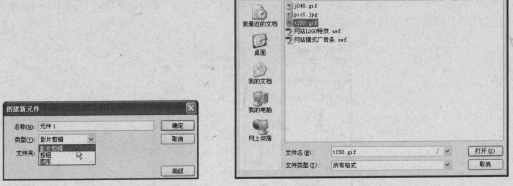

图 7-59　"创建新元件"对话框　　　　　　　　　图 7-60　"导入"对话框

（6）选择要导入的 GIF 动画后，单击"打开"按钮，把 GIF 动画导入到影片剪辑中，效果如图 7-61 所示。

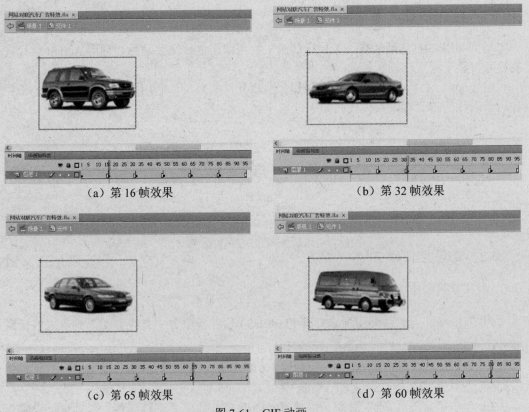

（a）第 16 帧效果　　　　　　　　　　　　（b）第 32 帧效果

（c）第 65 帧效果　　　　　　　　　　　　（d）第 60 帧效果

图 7-61　GIF 动画

（7）单击"场景 1"，返回场景。

（8）单击"插入/新建元件"命令（快捷键：Ctrl+F8），弹出"创建新元件"对话框，设置类型为"影片剪辑"，如图 7-62 所示。

（9）单击"确定"按钮。单击工具箱中的矩形工具，设置填充色为"金黄色"，无边框，按下鼠标左键，绘制矩形，然后调整其位置，效果如图 7-63 所示。

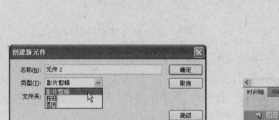

图 7-62　"创建新元件"对话框　　　　　　图 7-63　绘制矩形

（10）单击工具箱中的选择工具，多次调整矩形上面的端点，变形一个三角形，效果如图 7-64 所示。

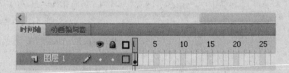

图 7-64　改变矩形的形状

提醒： 在调整矩形端点时，如果不能把端点移到中间，可以单击"视图/紧贴/紧贴至对象"命令（快捷键：Ctrl+Shift+/）即可。

（11）选择三角形，单击"修改/组合"命令（快捷键：Ctrl+G），组合图形。

（12）选择组合后的三角形，单击"编辑/直接复制"命令（快捷键：Ctrl+D），复制 1 个三角形，然后旋转 90°，如图 7-65 所示。

（13）同理，复制 2 个三角形，进行角度旋转，然后调整它们的位置，效果如图 7-66 所示。

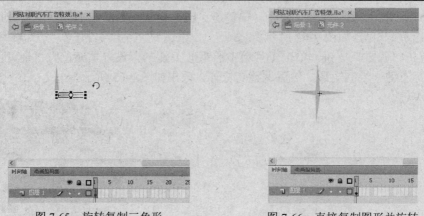

图 7-65　旋转复制三角形　　　　　　图 7-66　直接复制图形并旋转

（14）选择所有图形，单击"修改/转换为元件"命令（快捷键：F8），弹出"转换为元件"对话框，设置类型为"图形"，如图 7-67 所示。

（15）单击"确定"按钮。然后在"属性"面板中设置样式为 Alpha，其值为 60%，如图 7-68 所示。

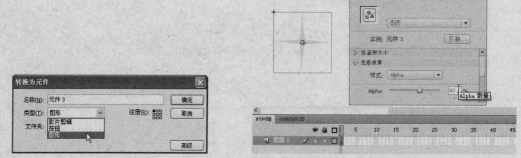

图 7-67　"转换为元件"对话框　　　　图 7-68　设置图形的不透明度

（16）选择"时间轴"面板中图层 1 的第 12 帧，右击，在弹出的快捷菜单中单击"插入关键帧"命令，然后改变图形的位置及大小，并设置其 Alpha 值为 0%，如图 7-69 所示。

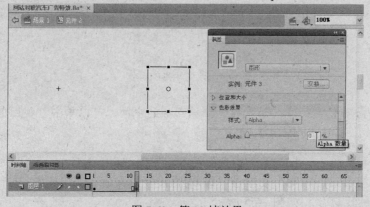

图 7-69　第 12 帧效果

（17）选择第 1～12 帧之间的任一帧，右击，在弹出的快捷菜单中单击"创建传统补间"命令，这样就创建了动画，如图 7-70 所示。

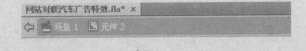

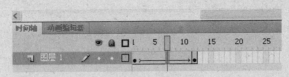

图 7-70　创建动画

（18）这样，星星闪动影片剪辑元件就制作完毕。单击"场景 1"，返回场景。

2．文字动画影片剪辑

（1）单击"插入/新建元件"命令（快捷键：Ctrl+F8），弹出"创建新元件"对话框，设置类型为"影片剪辑"，如图 7-71 所示。

（2）单击"确定"按钮。单击工具箱中的文字工具 T，设置文字类型为"静态文字"，颜色为"金黄色"，方向为垂直方向，然后在场景中单击，输入"动漫眩悦我心"，调整其位置，如图 7-72 所示。

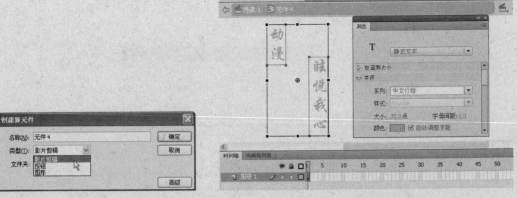

图 7-71　"创建新元件"对话框　　　　　　图 7-72　输入文字

（3）单击工具箱中的文字工具 T，设置文字类型为"静态文字"，颜色为"金黄色"，然后在场景中单击，输入"QQ"，文字类型为 wingdings 3，调整其位置，如图 7-73 所示。

（4）选择所有的文字，单击"修改/组合"命令（快捷键：Ctrl+G），组合图形。

（5）选择刚组合的文字，按 Ctrl+C 键复制 1 个，然后按 Ctrl+V 键粘贴。

图 7-73　输入字母符号

（6）选择刚复制的组合文字，单击"修改/取消组合"命令（快捷键：Ctrl+Shift+G），调整其位置及颜色后，效果如图 7-74 所示。

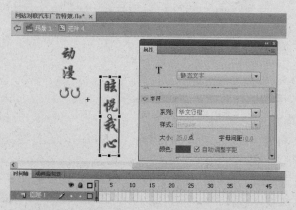

图 7-74　取消组合并改变文字颜色与位置

（7）选择所有文字，单击"修改/转换为元件"命令（快捷键：F8），弹出"转换为元件"对话框，设置类型为"图形"，如图 7-75 所示。

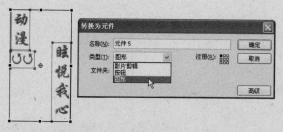

图 7-75　"转换为元件"对话框

（8）单击"确定"按钮。选择"时间轴"面板中图层 1 的第 72 帧，右击，在弹出的快捷菜单中单击"插入帧"命令（快捷键：F5），即插入普通帧。

（9）单击"时间轴"面板中的 按钮，新建图层 2。

（10）选择图层 2 中的第 36 帧，右击，在弹出的快捷菜单中单击"插入空白关键帧"命令。

（11）选择文字图形，按 Ctrl+C 键复制 1 个，然后按 Ctrl+V 键，粘贴到图层 2 的第

36 帧，然后在"属性"面板中设置颜色为 Alpha，其值为 40%，调整其位置后效果如图 7-76
所示。

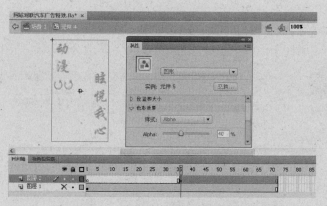

图 7-76　修改文字图形的不透明度

（12）选择"时间轴"面板中图层 2 的第 72 帧，右击，在弹出的快捷菜单中单击"插
入关键帧"命令，然后改变文字图形的大小，并设置其 Alpha 值为 0%，如图 7-77 所示。

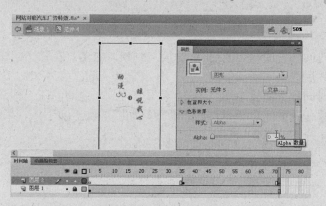

图 7-77　第 72 帧效果

（13）选择"时间轴"面板中图层 2 的第 36～72 帧之间的任一帧，右击，在弹出的快
捷菜单中单击"创建传统补间"命令，创建动画，如图 7-78 所示。

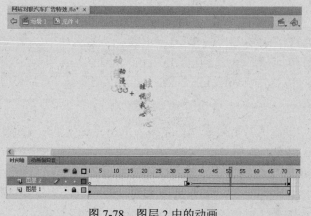

图 7-78　图层 2 中的动画

（14）单击"时间轴"面板中的 ⬛ 按钮，新建图层 3。

（15）选择图层 3 中的第 41 帧，右击，在弹出的快捷菜单中单击"插入空白关键帧"命令。

（16）选择第 1 帧的文字图形，按 Ctrl+C 键复制 1 个，然后按 Ctrl+V 键，粘贴到图层 3 的第 41 帧，然后在"属性"面板中设置颜色为 Alpha，其值为 30%，如图 7-79 所示。

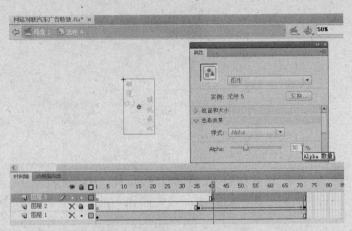

图 7-79　图层 3 的第 41 帧效果

（17）选择"时间轴"面板中图层 3 的第 72 帧，右击，在弹出的快捷菜单中单击"插入关键帧"命令，然后改变文字图形的大小，并设置其 Alpha 值为 0%。

（18）选择"时间轴"面板中图层 3 的第 41～72 帧之间的任一帧，右击，在弹出的快捷菜单中单击"创建传统补间"命令，创建动画，如图 7-80 所示。

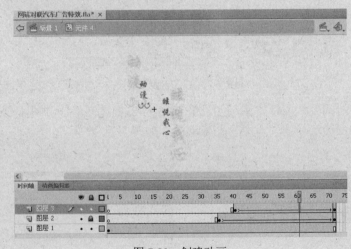

图 7-80　创建动画

（19）这样，文字动画影片剪辑就制作完毕，单击"场景 1"，返回场景。

3．添加 Action 代码及动画的测试

（1）单击"窗口/库"命令（快捷键：Ctrl+L），打开"库"面板，如图 7-81 所示。

（2）选择前面设计制作的 3 个影片剪辑元件，拖入到场景中，调整它们的位置，效果如图 7-82 所示。

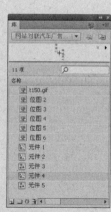

图 7-81　"库"面板

图 7-82　把影片剪辑元件拖入到场景中

（3）选择场景中的星形影片剪辑元件，在"属性"面板中为其命名为 bar_mc，并设置其不透明度为 50%，如图 7-83 所示。

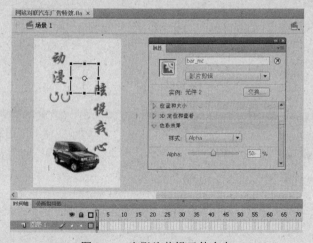

图 7-83　为影片剪辑元件命名

（4）选择"时间轴"面板中图层 1 的第 1 帧，按 F9 键，打开"动作"面板，输入如下代码：

```
Frame_num = 2;
angle = 30;                      //为变量赋值
plus_angle = 120;
scene_width = 260;
scene_height = 240;
_root.bar_mc.i = 0;
_root.bar_mc._visible = 0;          // bar_mc 影片元件不可见
_root.bar_mc.onEnterFrame = function () {      //bar_mc 影片元件帧帧事件
  if (this.i%Frame_num == 0) {
      mc = this.duplicateMovieClip ("bar_mc"+this.i, this.i);  //复制影片元件
      mc._x = random (scene_width);          //设置 mc 元件的 X 坐标
      mc._y = random (scene_height);          //设置 mc 元件的 Y 坐标
```

```
                                          //设置 mc 元件的旋转角度
        mc._rotation = random (angle)+plus_angle;
    }
    this.i++;
};
```

（5）测试动画。单击"控制/测试影片"命令（快捷键：Ctrl+Enter），运行动画，就可以看到网站对联汽车广告效果，如图 7-84 所示。

图 7-84   网站对联汽车广告效果

本章小结

　　本章通过 3 个具体的案例讲解 Flash CS4 强大的网页动画编辑功能，即网站横式广告条、网站 LOGO 特效、网站对联汽车广告特效。通过本章的学习，读者可以掌握 Flash CS4 制作网页动画特效的常用方法与技巧，从而设计出功能强大的网页动画特效。

第 8 章　贺卡动画特效

随着网络的普及和 Flash 的流行，为亲人和朋友定制一份充满个性的 Flash 电子贺卡逐渐成为了一种时尚。本章通过问候贺卡动画和圣诞节贺卡动画的制作，讲解贺卡动画设计的方法与技巧，具体内容如下：

➤ 问候贺卡动画特效
➤ 圣诞节贺卡动画特效

案例 8.1　问候贺卡动画特效

8.1.1　案例说明与效果

本案例是一个问候的贺卡，动画运行后，可以看到温暖的阳光，温馨的问候动画，效果如图 8-1 所示。

图 8-1　贺卡场景 1 动画效果

场景 1 动画播放完后，就会自动跳转到下一个场景界面，即浪漫而有含有温情的咖啡动画效果，如图 8-2 所示。

单击"重新播放"按钮，可以重新播放问候贺卡动画。

图 8-2　浪漫而又含有温情的咖啡动画效果

8.1.2　技术要点与分析

本案例是创作一个问候的贺卡，本贺卡所展现的温馨画面适合在平时发送到朋友的邮箱中，表达自己对朋友的关爱。画面中的阳光、咖啡等因素搭配在一起，浪漫而又含有温情。

本案例利用 Flash 各种工具绘制百合花和咖啡杯效果，然后利用文字和图形制作温馨的朋友问候贺卡动画，最后还制作了重新播放按钮，并利用 Action 代码实现重新播放功能。

8.1.3　实现过程

1. 百合花的设计制作

（1）双击桌面上的 图标，打开 Flash CS4 软件，单击"文件/新建"命令（快捷键：Ctrl+N），新建 Flash 文档。

（2）单击"文件/保存"命令（快捷键：Ctrl+S），保存文件名为"问候贺卡动画特效"，文件类型为"Flash CS4 文档（*.fla）"。

（3）单击"修改/文档"命令（快捷键：Ctrl+J），弹出"文档属性"对话框，设置尺寸大小为 500 像素×400 像素，帧频为 12fps，单击"确定"按钮。

（4）新建元件。单击"插入/新建元件"（快捷键：Ctrl+F8），弹出"创建新元件"对话框，设置名称为"百合花"，类型为"图形"，如图 8-3 所示。

（5）单击工具箱中的线条工具 ，设置直线的颜色为"黑色"，宽度为 1，绘制小段直线，调整其位置后效果如图 8-4 所示。

（6）鼠标指向直线，当鼠标形状变成 时，按下鼠标左键，调整直线的弧度，即把直线变成曲线，如图 8-5 所示。

（7）同理，再绘制两条直线，并把其中的一条直线变成曲线，效果如图 8-6 所示。

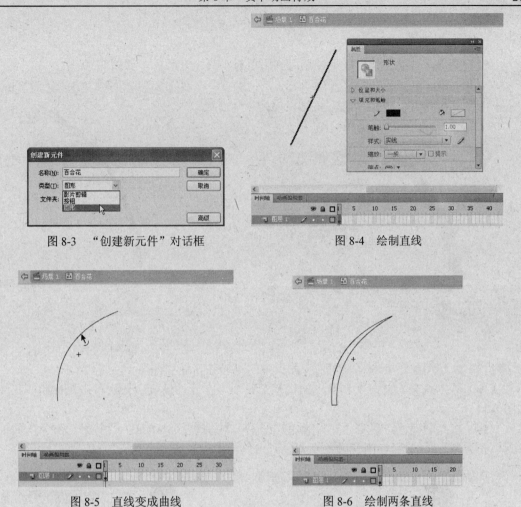

图 8-3　"创建新元件"对话框　　　　　　　图 8-4　绘制直线

图 8-5　直线变成曲线　　　　　　　　　　图 8-6　绘制两条直线

（8）单击工具箱中的填充工具 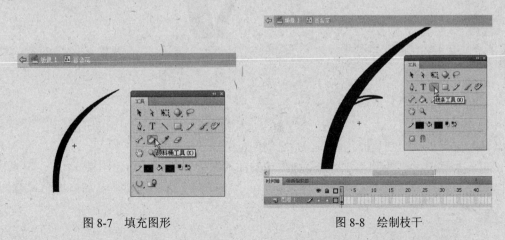，设置填充颜色为"黑色"，填充刚绘制的封闭区域，这样百合花的主干就绘制完成了，如图 8-7 所示。

（9）绘制枝干。单击工具箱中的线条工具 ，在主干的边上拖动鼠标绘制直线，然后把直线变成曲线，如图 8-8 所示。

图 8-7　填充图形　　　　　　　　　　　　图 8-8　绘制枝干

（10）单击工具箱中的填充工具 ，设置填充颜色为"黑色"，填充枝干颜色，如图 8-9 所示。

（11）同理，再绘制其他枝干，然后利用填充工具填充颜色，如图 8-10 所示。

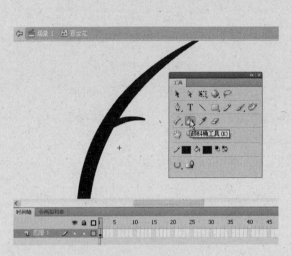

图 8-9　填充枝干　　　　　　　　　　图 8-10　百合花主干和枝干

（12）新建图层。单击"时间轴"面板中的 按钮，新建图层 2。

（13）绘制花朵。单击工具箱中的钢笔工具 ，在元件场景中依次单击鼠标绘制花朵，如图 8-11 所示。

（14）填充渐变。单击"窗口/颜色"命令（快捷键：Shift+F9），打开"颜色"面板，设置填充类型为"线性"，渐变颜色从紫色到白色，如图 8-12 所示。

图 8-11　绘制花朵　　　　　　　　　　图 8-12　填充渐变色

（15）选择花朵，单击"修改/组合"命令（快捷键：Ctrl+G），组合图形。

（16）同理，再绘制其他花朵，调整它们的位置，效果如图 8-13 所示。

（17）新建图层。单击"时间轴"面板中的插入图层 按钮，新建图层 3。

（18）绘制花心。单击工具箱中的线条工具 ，绘制不规则四边形，然后填充金黄色，如图 8-14 所示。

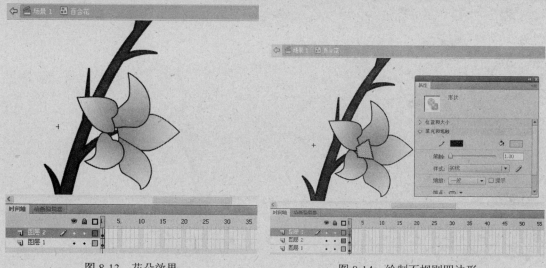

图 8-13 花朵效果　　　　　　　　图 8-14 绘制不规则四边形

（19）单击工具箱中的钢笔工具 ，绘制花心形状，然后填充渐变色，效果如图 8-15 所示。

（20）新建图层。单击"时间轴"面板中的 按钮，新建图层 4。

（21）绘制花蕊。单击工具箱中的钢笔工具 ，在花心位置绘制一条曲线，如图 8-16 所示。

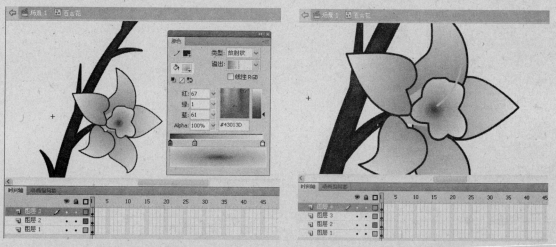

图 8-15 绘制花心并填充渐变色　　　　　　　图 8-16 绘制曲线

（22）单击工具箱中的椭圆工具 ，设置填充色为"暗红色"，绘制椭圆，调整其位置，如图 8-17 所示。

（23）同理，再绘制多个曲线和椭圆，就成功组成为百合花的花蕊，如图 8-18 所示。

（24）选择百合花花朵，单击"修改/组合"命令（快捷键：Ctrl+G），组合图形，然后按 Ctrl+D 键复制多个，调整它们的大小、位置及角度后，效果如图 8-19 所示。

（25）新建图层。单击"时间轴"面板中的 按钮，新建图层 5。

图 8-17　绘制椭圆　　　　　　　　　　　图 8-18　绘制百合花的花蕊

　　（26）同理，利用钢笔工具绘制百合花花蕾，然后复制多个并调整它们的大小及位置，如图 8-20 所示。

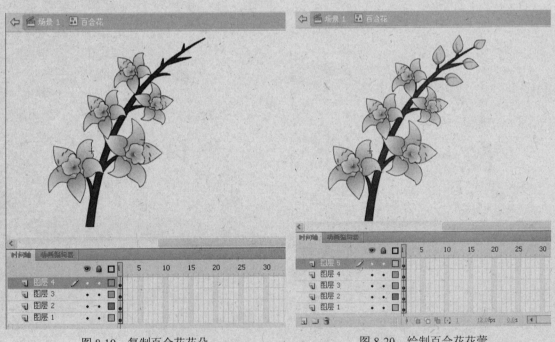

图 8-19　复制百合花花朵　　　　　　　　图 8-20　绘制百合花花蕾

　　（27）单击"时间轴"面板中的 ▣ 按钮，新建图层 6，然后移动到图层 1 的下方。

　　（28）利用工具箱中的直线工具，绘制百合花叶子的外形，然后利用填充工具填充深绿色，再复制多个，调整它们的大小及位置，如图 8-21 所示。

　　（29）这样，百合花就绘制完成了，单击"场景 1"，返回场景。

图 8-21　绘制百合花叶子

2. 咖啡杯及咖啡的设计制作

（1）新建元件。单击"插入/新建元件"命令（快捷键：Ctrl+F8），弹出"创建新元件"对话框，设置名称为"咖啡杯"，类型为"图形"，如图 8-22 所示。

（2）单击工具箱中的椭圆工具 ，设置边框颜色为"黑色"，填充色为渐变色，从淡金色到白色，绘制的椭圆效果如图 8-23 所示。

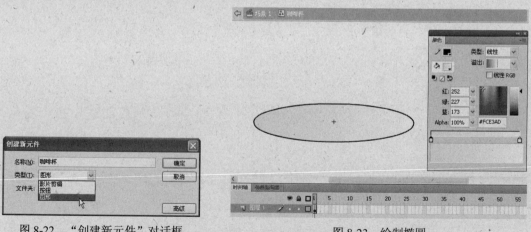

图 8-22　"创建新元件"对话框　　　　　　图 8-23　绘制椭圆

（3）单击"时间轴"面板中的 按钮，新建图层 2。

（4）同理，再绘制一个椭圆，填充从淡金色到白色的渐变色，调整其位置后效果如图 8-24 所示。

（5）单击工具箱中的钢笔工具 ，在元件场景中依次单击鼠标绘制咖啡杯，如图 8-25 所示。

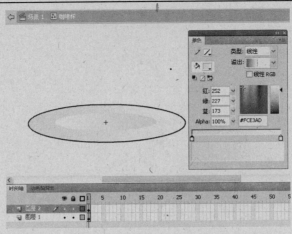

图 8-24　绘制椭圆并填充渐变色

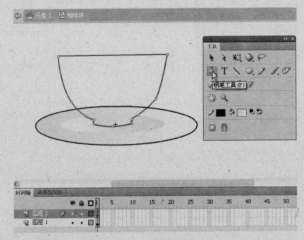

图 8-25　绘制咖啡杯

（6）填充渐变色。单击"窗口/颜色"命令（快捷键：Shift+F9），打开"颜色"面板，设置填充类型为"线性"，渐变颜色从淡红色到白色，如图 8-26 所示。

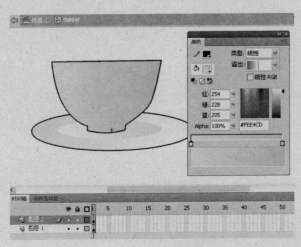

图 8-26　填充渐变色

（7）选择咖啡杯的边框，按 Delete 键进行删除。

（8）单击工具箱中的椭圆工具 ，设置边框颜色为"淡红色"，填充色为渐变色，从淡灰色到白色，绘制的椭圆效果如图 8-27 所示。

图 8-27 绘制椭圆

（9）单击工具箱中的钢笔工具 ，绘制一个封闭曲线，然后填充白色，调整其位置后效果如图 8-28 所示。

（10）同理，再绘制一个封闭曲线，然后设置填充色为"暗红色"，调整其位置后效果如图 8-29 所示。

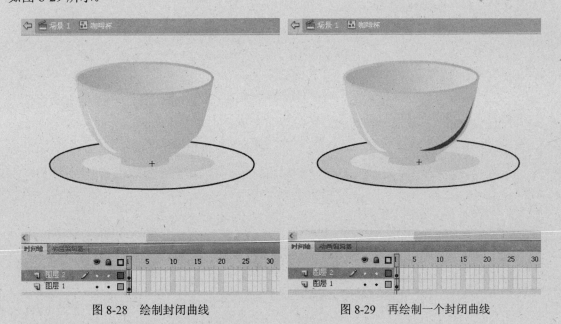

图 8-28 绘制封闭曲线　　　　　图 8-29 再绘制一个封闭曲线

（11）单击"时间轴"面板中的 按钮，新建图层 3。

（12）单击工具箱中的椭圆工具 ，无边框，设置填充色为"暗红色"，绘制的椭圆效果如图 8-30 所示。

（13）单击"时间轴"面板中的 按钮，新建图层 4。

（14）单击工具箱中的钢笔工具 ，在元件场景中依次单击鼠标绘制咖啡杯的杯把，然后填充淡红色，如图 8-31 所示。

图 8-30　绘制椭圆　　　　　　　　　图 8-31　绘制咖啡杯的杯把

（15）同理，再绘制封闭曲线，然后填充不同的颜色，如图 8-32 所示。

（16）这样，咖啡杯就绘制完成了，单击"场景 1"，返回场景。

图 8-32　绘制封闭曲线并填充不同的颜色

3. 贺卡场景 1 动画效果

（1）单击工具箱中的矩形工具 ，设置填充色为渐变色，选择类型为"放射状"，渐变颜色从白到蓝，如图 8-33 所示。

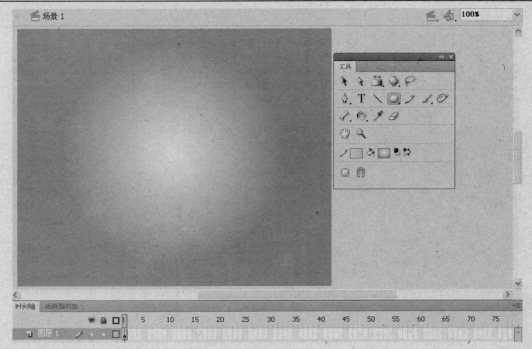

图 8-33 绘制矩形并填充渐变色

（2）单击工具箱中的渐变变形工具 ，然后调整渐变色中心的位置，如图 8-34 所示。

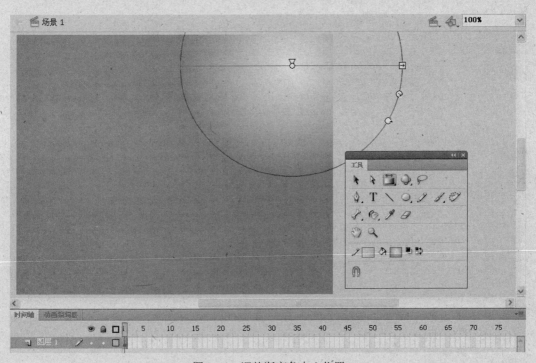

图 8-34 调整渐变色中心位置

（3）单击"窗口/库"命令（快捷键：Ctrl+L），打开"库"面板，选择"百合花"图形元件，按下鼠标左键拖入到场景中，然后调整其大小、位置并旋转角度，如图 8-35 所示。

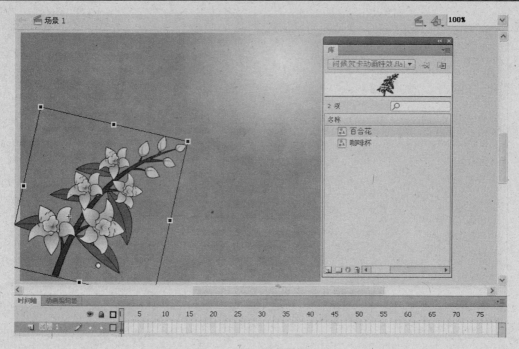

图 8-35　将元件拖至场景中

（4）选择场景中的"百合花"，按 Ctrl+D 键直接复制 2 个，调整其角度及位置，如图 8-36 所示。

图 8-36　复制图形元件

（5）单击"时间轴"面板中的 ┒ 按钮，新建图层 2。

（6）单击工具箱中的线条工具 ，绘制 1 个三角形，调整其位置，如图 8-37 所示。

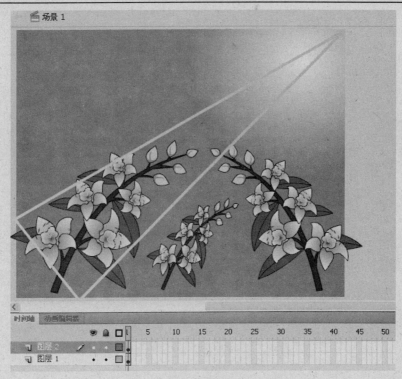

图 8-37　绘制三角形

（7）单击"窗口/颜色"命令（快捷键：Shift+F9），打开"颜色"面板，设置填充类型为"线性"，渐变颜色从白色到白色，其中左侧的色瓶的不透明度为 60%，右侧的色瓶的不透明度为 0%，如图 8-38 所示。

图 8-38　填充渐变色

（8）选择三角形的三个边，按 Delete 键进行删除。

（9）同理，再绘制 1 个三角形并填充渐变色，然后调整它们的位置，如图 8-39 所示。

图 8-39　光芒效果

（10）选择刚绘制的两个光芒，单击"修改/转换为元件"命令（快捷键：F8），打开"转换为元件"对话框，设置名称为"光芒"，类型为"图形"，如图 8-40 所示。

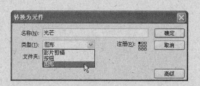

图 8-40　"转换为元件"对话框

（11）单击"确定"按钮，这样就把图形转换为元件了。

（12）选择"时间轴"面板中图层 1 的第 36 帧，右击，在弹出的快捷菜单中单击"插入帧"命令，插入普通帧。

（13）选择"时间轴"面板中图层 2 的第 36 帧，右击，在弹出的快捷菜单中单击"插入关键帧"命令，然后调整该帧光芒图形元件的角度，如图 8-41 所示。

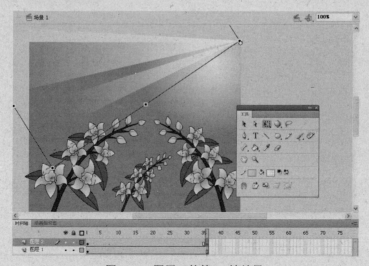

图 8-41　图层 2 的第 36 帧效果

（14）选择"时间轴"面板中图层 2 的第 1～36 帧之间的任一帧，右击，在弹出的快捷菜单中单击"创建传统补间"命令，创建动画，如图 8-42 所示。

图 8-42　创建动画

（15）单击"时间轴"面板中的 ⬛ 按钮，新建图层 3。

（16）选择"时间轴"面板中图层 3 的第 5 帧，右击，在弹出的快捷菜单中单击"插入空白关键帧"命令，从而插入 1 个空白关键帧。

（17）单击工具箱中的文字工具 T，设置文字类型为"静态文字"，颜色为"暗红色"，然后在场景中单击，输入"阳光撒满大地新的一天又开始了"，调整其位置，如图 8-43 所示。

图 8-43　输入文字

（18）选择文字，单击"修改/转换为元件"命令（快捷键：F8），打开"转换为元件"

对话框，设置类型为"图形"，如图 8-44 所示。

　　（19）设置好后，单击"确定"按钮。选择"时间轴"面板中图层 3 的第 8 帧，右击，在弹出的快捷菜单中单击"插入关键帧"命令，然后调整文字的位置，如图 8-45 所示。

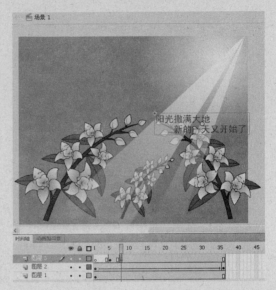

图 8-44　"转换为元件"对话框　　　　　　　图 8-45　图层 3 的第 8 帧效果

　　（20）选择"时间轴"面板中图层 3 的第 36 帧，右击，在弹出的快捷菜单中单击"插入关键帧"命令，然后调整文字的位置，如图 8-46 所示。

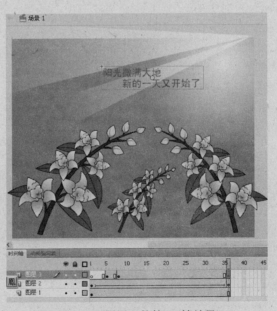

图 8-46　图层 3 的第 36 帧效果

　　（21）选择"时间轴"面板中图层 3 的第 5～8 帧之间的任一帧，右击，在弹出的快捷菜单中单击"创建传统补间"命令，这样就创建了动画。

　　（22）同理，在图层 3 的第 8～36 帧之间也创建传统补间动画，如图 8-47 所示。

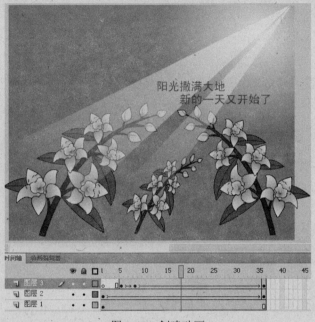

图 8-47　创建动画

4. 贺卡场景 2 动画效果

（1）场景面板。单击"窗口/其他面板/场景"命令（快捷键：Shift+F2），打开"场景"面板，如图 8-48 所示。

（2）单击添加场景按钮，就可以添加一个场景，场景名为"场景 2"，如图 8-49 所示。

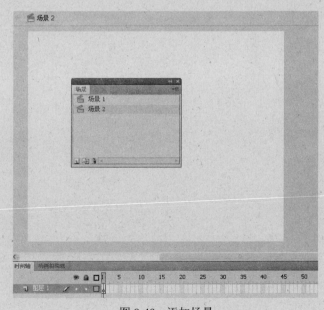

图 8-48　"场景"面板　　　　　　　　　图 8-49　添加场景

（3）单击工具箱中的矩形工具，设置填充色为渐变色，选择类型为"放射状"，渐变颜色从白到淡绿，如图 8-50 所示。

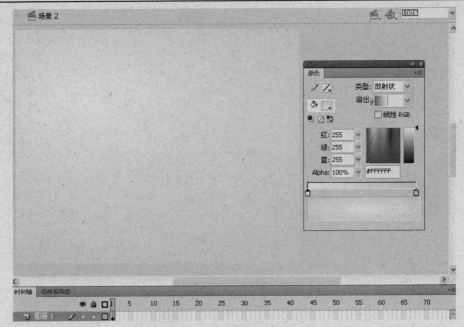

图 8-50　绘制矩形并填充渐变色

（4）单击"窗口/库"命令（快捷键：Ctrl+L），打开"库"面板，选择"咖啡杯"图形元件，按下鼠标左键将其拖入到场景中，如图 8-51 所示。

图 8-51　咖啡杯图形元件

（5）单击"时间轴"面板中的 ⬚ 按钮，新建图层 2。

（6）单击工具箱中的钢笔工具 🖊 ，在元件场景中依次单击鼠标绘制咖啡热气，如图 8-52 所示。

图 8-52　绘制咖啡热气

（7）设置填充颜色为"白色"，不透明度为 60%，然后填充咖啡热气，效果如图 8-53 所示。

图 8-53　填充咖啡热气

（8）选择咖啡热气的边框，按 Delete 键进行删除。

（9）选择咖啡热气，单击"修改/转换为元件"命令（快捷键：F8），打开"转换为元件"对话框，设置名称为"咖啡热气"，类型为"影片剪辑"，如图 8-54 所示。

（10）单击"确定"按钮，然后双击刚产生的"咖啡热气"影片剪辑，进入其编辑界面，如图 8-55 所示。

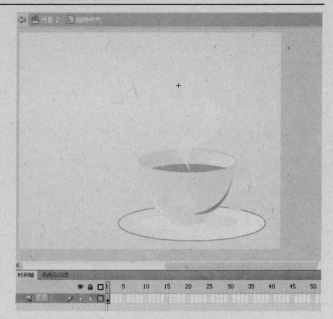

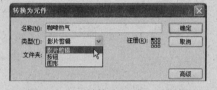

图 8-54   "转换为元件"对话框   图 8-55   咖啡热气影片剪辑编辑界面

（11）选择第 10 帧，右击，在弹出的快捷菜单中单击"插入关键帧"命令，然后调整咖啡热气的节点，从而改变其形状，如图 8-56 所示。

图 8-56   咖啡热气第 10 帧效果

（12）选择第 20 帧，右击，在弹出的快捷菜单中单击"插入关键帧"命令，然后调整咖啡热气的节点，从而改变其形状，如图 8-57 所示。

图 8-57　咖啡热气第 20 帧效果

（13）选择第 30 帧，右击，在弹出的快捷菜单中单击"插入关键帧"命令，然后调整咖啡热气的节点，从而改变其形状，如图 8-58 所示。

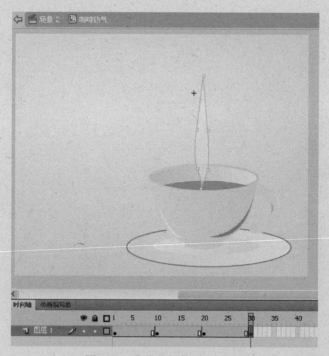

图 8-58　咖啡热气第 30 帧效果

（14）选择第 40 帧，右击，在弹出的快捷菜单中单击"插入关键帧"命令，然后调整咖啡热气的节点，从而改变其形状，如图 8-59 所示。

图 8-59   咖啡热气第 40 帧效果

（15）选择"时间轴"面板中图层 1 的第 1～10 帧之间的任一帧，右击，在弹出的快捷菜单中单击"创建补间形状"命令，创建形状动画。

（16）同理，在第 10～20 帧、第 20～30 帧、第 30～40 帧之间都创建形状动画，如图 8-60 所示。

图 8-60   创建形状动画

（17）单击"场景 2"，返回场景。

（18）单击"时间轴"面板中的 按钮，新建图层 3。

（19）单击工具箱中的文字工具 **T** ，设置文字类型为"静态文字"，颜色为"红色"，大小为 40 点，然后在场景中单击，输入文字"天天有个好心情！"，调整其位置，如图 8-61 所示。

图 8-61　输入文字

（20）选择刚输入的文字，单击"修改/转换为元件"命令（快捷键：F8），打开"转换为元件"对话框，设置类型为"图形"，如图 8-62 所示。

（21）单击"确定"按钮，把文字转换为图形元件。

（22）选择图层 1 中的第 60 帧，右击，在弹出的快捷菜单中单击"插入帧"命令。同理，在图层 2 中的第 60 帧也插入帧。

（23）选择图层 3 的第 1 帧中的文字，在"属性"面板中设置其"样式"为 Alpha，其值为 0%，如图 8-63 所示。

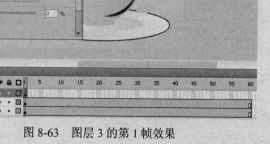

图 8-62　"转换为元件"对话框　　　　　图 8-63　图层 3 的第 1 帧效果

　　（24）选择图层 3 的第 15 帧，右击，在弹出的快捷菜单中单击"插入关键帧"命令，然后设置文字的 Alpha 值为 80%，如图 8-64 所示。

图 8-64　图层 3 的第 15 帧效果

　　（25）选择图层 3 的第 45 帧，右击，在弹出的快捷菜单中单击"插入关键帧"命令，然后设置文字的 Alpha 值为 100%，如图 8-65 所示。

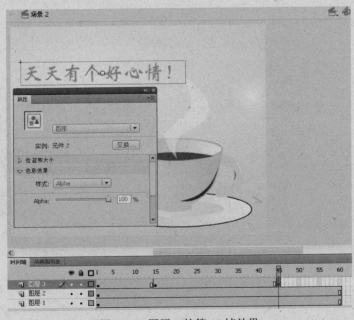

图 8-65　图层 3 的第 45 帧效果

　　（26）选择图层 3 的第 60 帧，右击，在弹出的快捷菜单中单击"插入关键帧"命令，然后设置文字的 Alpha 值为 0%，如图 8-66 所示。

图 8-66　图层 3 的第 60 帧效果

　　（27）选择"时间轴"面板图层 3 的第 1～15 帧之间的任一帧，右击，在弹出的快捷菜单中单击"创建传统补间"命令，创建动画。

　　（28）同理，在图层 3 的第 15～45 帧、第 45～60 帧都创建传统补间动画，如图 8-67所示。

图 8-67　创建传统补间动画

5. 重新播放按钮

（1）单击"时间轴"面板中的 ⊟ 按钮，新建图层 4。

（2）选择图层 4 中的第 55 帧，右击，在弹出的快捷菜单中单击"插入空白关键帧"命令。

（3）单击"窗口/公用库/按钮"命令，打开"公用库"面板，然后选择 tude double gold 按钮，按下键盘左键将其拖入到场景中，调整其大小及位置，如图 8-68 所示。

图 8-68　拖入公用按钮

（4）修改公用按钮属性。双击场景中的按钮，进入按钮编辑页面，这时会发现 Text 层被锁定，单击该层中的 🔒 按钮解锁，然后修改按钮标签文字为"重新播放"，如图 8-69 所示。

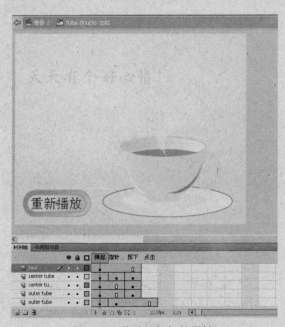

图 8-69　修改按钮标签属性

（5）单击"场景 2"，返回场景。

（6）选择按钮，然后在"属性"面板中设置其"样式"为 Alpha，其值为 0%，如图 8-70 所示。

图 8-70　图层 4 中第 55 帧效果

（7）选择图层 4 中的第 60 帧，右击，在弹出的快捷菜单中单击"插入关键帧"命令，然后设置 Alpha 属性值为 90%，如图 8-71 所示。

图 8-71　图层 4 中第 60 帧效果

（8）选择图层 4 的第 55～60 帧之间的任一帧，右击，在弹出的快捷菜单中单击"创建传统补间"命令，创建动画，如图 8-72 所示。

图 8-72　创建动画

（9）添加 Action 代码。选择图层 4 中的第 60 帧，按 F9 键，打开"动作"面板，输入如下代码：

```
stop();
```

（10）选择"重新播放"按钮，按 F9 键，打开"动作"面板，输入如下代码：

```
on (release)
{
 gotoAndPlay("场景 1", 1);
}
```

（11）测试动画。单击"控制/测试影片"命令（快捷键：Ctrl+Enter），运行动画，就可以看到问候贺卡动画效果，如图 8-73 所示。

（a）贺卡场景 1 动画效果

（b）贺卡场景 2 动画效果

图 8-73　问候贺卡动画效果

案例 8.2 圣诞节贺卡动画特效

8.2.1 案例说明与效果

本案例是一个圣诞节电子贺卡，动画运行后，可看到的是一个信件按钮，效果如图 8-74 所示。

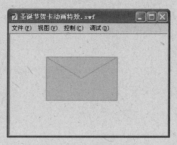

图 8-74 信件按钮

单击信件按钮，就可以听到旋律优美、欢快的音乐，并看到活泼、有趣的圣诞节贺卡动画，如图 8-75 所示。

（a）圣诞老人动画效果　　　　　　　（b）圣诞节祝福淡显效果

图 8-75 圣诞节贺卡动画特效

8.2.2 技术要点与分析

本案例是创作一个圣诞节电子贺卡，首先分析一下这个贺卡的定位。本贺卡在风格类型上应该属于活泼类的，特点上既有时效性又有通用性，也就是说，在冬天圣诞节来临时，这个贺卡适合多数人作为礼物送给他人。所以我们在制作贺卡的时候要考虑与圣诞有关的因素：

（1）画面和文字部分一定要有圣诞老人、雪景等一些标志性的事物。

（2）音乐要做到与画面风格和谐统一，节奏欢快，旋律优美。

8.2.3 实现过程

1. 信件按钮

（1）双击桌面上的 图标，打开 Flash CS4 软件，单击"文件/新建"命令（快捷键：

Ctrl+N），新建 Flash 文档。

（2）单击"文件/保存"命令（快捷键：Ctrl+S），保存文件名为"圣诞节贺卡动画特效"，文件类型为"Flash CS4 文档（*.fla）"。

（3）单击"修改/文档"命令（快捷键：Ctrl+J），弹出"文档属性"对话框，设置尺寸大小为 550 像素×400 像素，帧频为 12fps，单击"确定"按钮。

（4）单击工具箱中的矩形工具 ，设置填充色为"金黄色"，边框颜色为"深黄色"，然后按下鼠标左键绘制矩形，如图 8-76 所示。

图 8-76　绘制矩形

（5）单击工具箱中的线条工具 ，设置直线的颜色为"深黄色"，宽度为 2，绘制两条直线线段，调整它们的位置后效果如图 8-77 所示。

（6）这样，信件就绘制完成了。选择信件，单击"修改/转换为元件"命令（快捷键：F8），打开"转换为元件"对话框，设置名称为"信件按钮"，类型为"按钮"，如图 8-78所示。

图 8-77　绘制直线

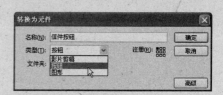

图 8-78　"转换为元件"对话框

（7）单击"确定"按钮即可。

2. 圣诞节贺卡背景

（1）选择图层 1 中的第 2 帧，右击，在弹出的快捷菜单中单击"插入空白关键帧"命令。

（2）单击工具箱中的矩形工具 ，设置填充色为渐变色，选择类型为"线性"，渐变颜色从淡蓝色到蓝色，如图 8-79 所示。

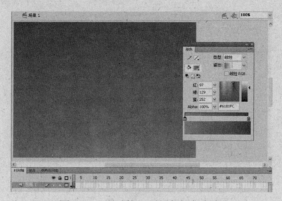

图 8-79　绘制矩形并填充渐变色

（3）同理，再绘制一个矩形，填充渐变色，如图 8-80 所示。

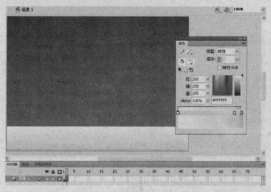

图 8-80　再绘制一个矩形

（4）单击工具箱中的钢笔工具 ，单击鼠标绘制如图 8-81 所示的闭合形状，并填充白色到淡蓝色渐变色。

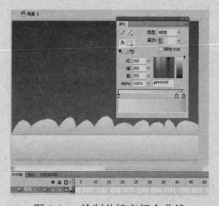

图 8-81　绘制并填充闭合曲线

（5）单击工具箱中的多角星形工具 ，然后单击"属性"面板中的"选项"按钮，打开"工具设置"对话框，设置样式为"星形"，边数为 5，如图 8-82 所示。

图 8-82　多角星形工具的设置

（6）单击"确定"按钮，然后就可以按下鼠标左键，绘制五角星形，如图 8-83 所示。

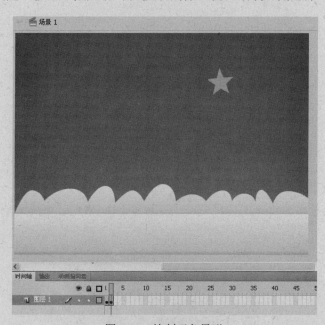

图 8-83　绘制五角星形

（7）选择五角星形，按 Ctrl+D 键直接复制多个，调整它们的大小、位置及角度，如图 8-84 所示。

（8）导入图片。单击"文件/导入/导入到舞台"命令（快捷键：Ctrl+R），弹出"导入"对话框，选择要导入的图片，单击"打开"按钮，把图片导入到场景中，如图 8-85 所示。

（9）选择图片，按 Ctrl+D 键直接复制多个，调整它们的大小、位置及角度，如图 8-86 所示。

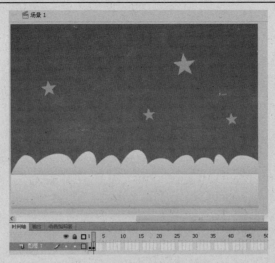

图 8-84　直接复制五角星形

图 8-85　导入图片

图 8-86　直接复制图片

3. 圣诞节贺卡动画

（1）单击"时间轴"面板中的 按钮，新建图层 2。

（2）选择图层 2 中的第 2 帧，右击，在弹出的快捷菜单中单击"插入空白关键帧"命令。

（3）导入图片。单击"文件/导入/导入到舞台"命令（快捷键：Ctrl+R），弹出"导入"对话框，选择要导入的图片，单击"打开"按钮，就可以把图片导入到场景中，如图 8-87 所示。

图 8-87　导入图片

（4）选择刚导入的图片，单击"修改/转换为元件"命令（快捷键：F8），打开"转换为元件"对话框，设置类型为"图形"，如图 8-88 所示。

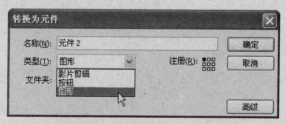

图 8-88　"转换为元件"对话框

（5）单击"确定"按钮，就把图片转换为图形元件了。

（6）选择图层 2 中的第 62 帧，右击，在弹出的快捷菜单中单击"插入关键帧"命令，然后调整图片的位置，如图 8-89 所示。

（7）选择"时间轴"面板中图层 2 的第 2～62 帧之间的任一帧，右击，在弹出的快捷菜单中单击"创建传统补间"命令，创建动画，如图 8-90 所示。

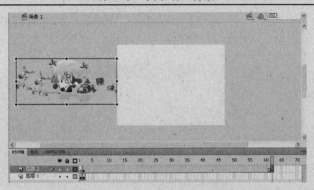

图 8-89　图层 2 的第 62 帧效果

图 8-90　创建动画

（8）选择图层 2 中的第 63 帧，右击，在弹出的快捷菜单中单击"插入空白关键帧"命令。

（9）导入图片。单击"文件/导入/导入到舞台"命令（快捷键：Ctrl+R），弹出"导入"对话框，选择要导入的图片，单击"打开"按钮，把图片导入到场景中，如图 8-91 所示。

图 8-91　导入图片

（10）选择刚导入的图片，单击"修改/转换为元件"命令（快捷键：F8），打开"转换为元件"对话框，设置类型为"图形"，如图 8-92 所示。

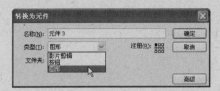

图 8-92　"转换为元件"对话框

（11）单击"确定"按钮，把图片转换为图形元件了。

（12）在"属性"面板中设置样式为 Alpha，其值设置为 0%，如图 8-93 所示。

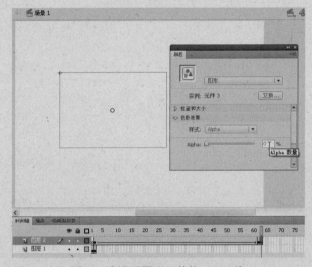

图 8-93　设置图形元件的 Alpha 值

（13）选择图层 2 中的第 75 帧，右击，在弹出的快捷菜单中单击"插入关键帧"命令，然后设置图形元件的 Alpha 值为 100%，如图 8-94 所示。

图 8-94　图层 2 的第 75 帧效果

（14）选择"时间轴"面板中图层 2 的第 63～75 帧之间的任一帧，右击，在弹出的快捷菜单中单击"创建传统补间"命令，创建动画。

（15）选择"时间轴"面板中图层 2 的第 75 帧，右击，在弹出的快捷菜单中单击"插入帧"命令，如图 8-95 所示。

图 8-95　插入帧

4. 音乐的添加

（1）导入音乐。单击"文件/导入/导入到舞台"命令（快捷键：Ctrl+R），弹出"导入"对话框，如图 8-96 所示。

（2）在这里选择声音文件 yinyue.mp3，再单击"打开"按钮，这时会发现，场景中没有声音文件。

（3）单击"窗口/库"命令（快捷键：Ctrl+L），打开"库"面板，在"库"面板中就可以看到刚导入的声音文件，如图 8-97 所示。

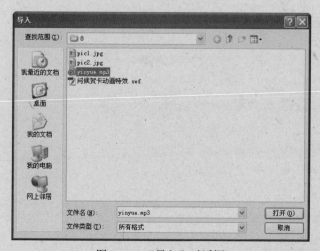

图 8-96　"导入"对话框

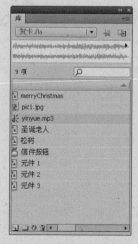

图 8-97　"库"面板

（4）单击"时间轴"面板中的  按钮，新建图层 3。

（5）选择图层 3 中的第 2 帧，右击，在弹出的快捷菜单中单击"插入空白关键帧"命令，然后把"库"面板中的声音文件拖入到场景中，如图 8-98 所示。

图 8-98　添加声音文件

（6）设置声音文件的属性。在"属性"面板中设置"同步"为"数据流"，这样当动画停止播放时，声音自动停止播放，如图 8-99 所示。

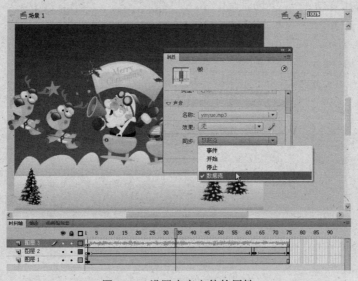

图 8-99　设置声音文件的属性

5. 添加 Action 代码及动画的测试

（1）选择"时间轴"面板中图层 1 的第 1 帧，按 F9 键，打开"动作"面板，输入如下代码：

```
stop() ;
```

（2）选择信件按钮，按 F9 键，打开"动作"面板，输入如下代码：

```
on (release)
{
   gotoAndPlay(2);
}
```

（3）测试动画。单击"控制/测试影片"命令（快捷键：Ctrl+Enter），运行动画，就可以看到信件按钮，如图 8-100 所示。

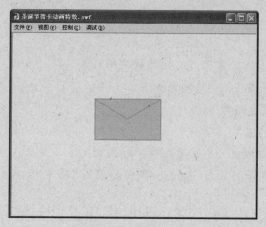

图 8-100　信件按钮

（4）单击信件按钮，就可以听到欢快的音乐，看到圣诞节贺卡动画，如图 8-101 所示。

图 8-101　圣诞节贺卡动画

本章小结

　　本章通过 2 个具体的案例讲解 Flash CS4 强大的贺卡动画特效，即问候贺卡动画特效和圣诞节贺卡动画特效。通过本章的学习，读者可以掌握 Flash CS4 设计制作贺卡动画的常用方法和技巧，从而制作出自己的圣诞贺卡和问候贺卡，圣诞节时寄给朋友，肯定是一件非常开心的事情。

第9章　UI 组件应用特效

本章重点

本章重点讲解 Flash CS4 常用 UI 组件的应用特效，即文本框、按钮、列表框、单选按钮、复选按钮、进度条等组件，具体内容如下：

> ➤ 用户注册信息提交与显示
> ➤ DataGrid 组件的应用
> ➤ 利用 ColorPicker 组件动态设置矩形的颜色
> ➤ ProgressBar 组件和 NumericStepper 组件的应用

案例 9.1　用户注册信息提交与显示

9.1.1　案例说明与效果

本案例是利用标签、单行文本框、多行文本框、单选按钮、复选按钮、下拉列表框实现用户注册信息的提交与显示功能。动画动行后，可以输入用户注册信息，如图 9-1 所示。

正确填写用户相关信息后，单击"提交"按钮，即可看到用户注册信息，如图 9-2 所示。

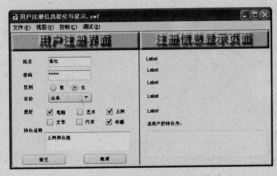

图 9-1　输入用户注册信息　　　　图 9-2　用户注册信息

单击"取消"按钮，可以消除用户输入的注册信息。

9.1.2　技术要点与分析

本案例主要利用多用 UI 组件，如标签、单行文本框、多行文本框、单选按钮、复选按钮、下拉列表框和按钮，来实现用户注册信息显示的功能。具体实现方法是，利用按钮的单击监听事件动态提取各组件属性信息，然后动态显示出来。

9.1.3　实现过程

1．动画界面布局

（1）双击桌面上的 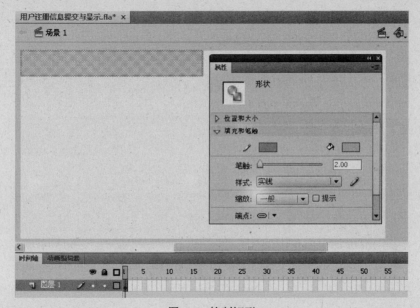 图标，打开 Flash CS4 软件，单击"文件/新建"命令（快捷键：Ctrl+N），新建 Flash 文档。

（2）单击"文件/保存"命令（快捷键：Ctrl+S），保存文件名为"用户注册信息提交与显示"，文件类型为"Flash CS4 文档（*.fla）"。

（3）单击"修改/文档"命令（快捷键：Ctrl+J），弹出"文档属性"对话框，设置尺寸大小为 600 像素×300 像素，颜色为"淡黄色"，帧频为 12fps，单击"确定"按钮。

（4）单击工具箱中的矩形工具，设置填充色"金黄色"，边框颜色为"深黄色"，按下鼠标左键绘制矩形，如图 9-3 所示。

图 9-3　绘制矩形

（5）选择矩形，单击"修改/转换为元件"命令（快捷键：F8），打开"转换为元件"对话框，设置类型为"影片剪辑"，如图 9-4 所示。

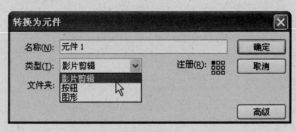

图 9-4　"转换为元件"对话框

（6）单击"确定"按钮，然后单击"属性"面板中的添加滤镜按钮，在弹出的菜单中单击"斜角"命令，如图 9-5 所示。

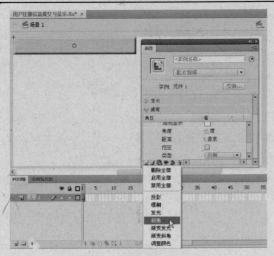

图 9-5　添加斜角滤镜效果

（7）单击工具箱中的文字工具 T，设置文字类型为"静态文字"，颜色为"暗红色"，大小为 28 点，然后在场景中单击，输入文字"用户注册界面"，并调整其位置，如图 9-6 所示。

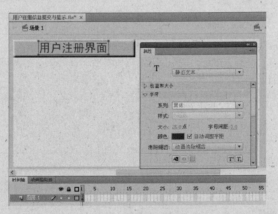

图 9-6　输入文字

（8）单击"属性"面板中的添加滤镜按钮，在弹出的菜单中单击"斜角"命令，然后设置类型为"全部"，如图 9-7 所示。

图 9-7　添加斜角滤镜并设置其类型

（9）选择矩形和文字，按 Ctrl+C 键进行复制，按 Ctrl+V 键进行粘贴，然后利用文字工具修改文字为"注册信息显示页面"，效果如图 9-8 所示。

图 9-8 复制图形和文字

（10）单击工具箱中的线条工具 ，设置直线的颜色为"红色"，宽度为 2，按 Shift 键绘制垂直直线，调整其位置后效果如图 9-9 所示。

图 9-9 绘制分隔直线

2. 组件的添加

（1）单击"窗口/组件"命令（快捷键：Ctrl+F7），弹出"组件"面板，如图 9-10 所示。

（2）在"组件"面板中选择 Label 组件，按下鼠标左键，拖入到场景中，然后在"属性"面板中设置其宽度为 60。

（3）单击"窗口/组件检查器"命令（快捷键：Shift+F7），弹出"组件检查器"面板，设置 Label 组件的 text 属性为"姓名"，如图 9-11 所示。

图 9-10   "组件" 面板

图 9-11   设置 Label 组件的 text 属性

（4）同理，再向场景中添加 5 个标签，设置它们的 text 属性分别为 "密码"、"性别"、"省份"、"爱好"、"特长说明"，调整它们的位置后效果如图 9-12 所示。

图 9-12   向场景中添加 5 个标签

（5）在"组件"面板中选择 TextInput 组件，按下鼠标左键，拖入到场景中，然后在"属性"面板中设置其实例名为 sname，如图 9-13 所示。

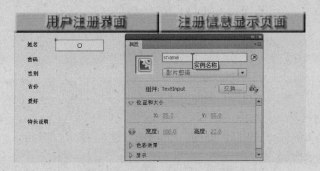

图 9-13   添加 TextInput 组件

（6）同理，再添加一个 TextInput 组件，在"属性"面板中设置其实例名为 pwd。

（7）单击"窗口/组件检查器"命令（快捷键：Shift+F7），弹出"组件检查器"面板，设置实例名为 pwd 的 displayAsPassword 属性为 true，如图 9-14 所示。

图 9-14　设置实例名为 pwd 的 displayAsPassword 属性为 true

（8）在"组件"面板中选择 RadioButton 组件，按下鼠标左键，拖入到场景中，在"属性"面板中设置其实例名为 Radb1，然后在"组件检查器"面板中设置其 label 属性为"男"，value 属性为 1，如图 9-15 所示。

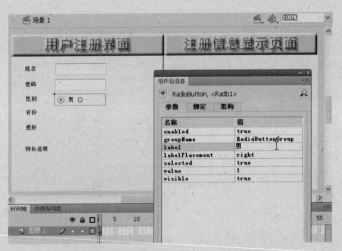

图 9-15　添加 RadioButton 组件并设置其属性

（9）同理，再添加 1 个 RadioButton 组件，在"属性"面板中设置其实例名为 Radb2，然后在"组件检查器"面板中设置其 label 属性为"女"，value 属性为 2。

（10）在"组件"面板中选择 ComboBox 组件，按下鼠标左键，拖入到场景中，然后在"属性"面板中设置其实例名为 Comb1。

（11）单击"窗口/组件检查器"命令（快捷键：Shift+F7），弹出"组件检查器"面板，单击 dataProvider 属性后的按钮，弹出"值"对话框，添加 3 个值，具体设置如图 9-16 所示。

图 9-16　"值"对话框

（12）单击"确定"按钮。选择"组件"面板中的 CheckBox 组件，按下鼠标左键，拖入到场景中，然后在"属性"面板中设置其实例名为 checkb1。

（13）单击"窗口/组件检查器"命令（快捷键：Shift+F7），弹出"组件检查器"面板，设置其 label 属性为"电脑"，其 selected 属性为 true，如图 9-17 所示。

图 9-17　设置 CheckBox 组件的属性

（14）向场景中添加 5 个 CheckBox 组件，设置它们的实例名分别为 checkb2、checkb3、checkb4、checkb5、checkb6，其他参数设置如图 9-18 所示。

（15）在"组件"面板中选择 TextArea 组件，按下鼠标左键，拖入到场景中，然后在"属性"面板中设置其实例名为 Texta1。

（16）最后添加 2 个 Button 组件，设置实例名分别为 button1 和 button2，其他属性设置如图 9-19 所示。

图 9-18　添加 5 个 CheckBox 组件

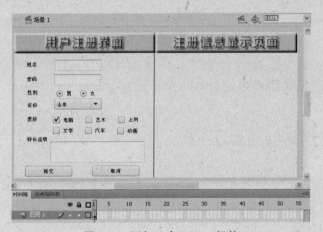

图 9-19　添加 2 个 Button 组件

（17）这样，用户注册页面就设计完成了，下面来设计制作注册信息显示页面。

（18）在"组件"面板中选择 Label 组件，按下鼠标左键，拖入到场景中，然后在"属性"面板中设置其实例名为 label1，宽度为 280，如图 9-20 所示。

图 9-20　添加 Label 组件

（19）同理，再添加 5 个 Label 组件，设置它们的实例名分别为 label2、label3、label4、label5、label6，其他属性设置如图 9-21 所示。

图 9-21　添加其他 Label 组件

（20）最后，在场景中添加 1 个 TextArea 组件，在"属性"面板中设置其实例名为 Texta2，在"组件检查器"面板中设置其 enabled 属性为 false，如图 9-22 所示。

图 9-22　添加 TextArea 组件并设置其属性

3．添加 Action 代码及动画的测试

（1）选择"时间轴"面板中图层 1 的第 1 帧，按 F9 键，打开"动作"面板，输入如下代码：

```
                        //定义两个字符串变量
var sex:String ;
var hobby:String ;
                      //为两个单选按钮添加监听事件
Radb1.addEventListener(MouseEvent.CLICK, clickHandler);
Radb2.addEventListener(MouseEvent.CLICK, clickHandler);
                        //自定义监听事件过程
function clickHandler(event:MouseEvent):void {
    sex = event.target.label;        //取得所选择的单选按钮的 label 值
}
```

```
                         //添加按钮监听事件
  button1.addEventListener(MouseEvent.CLICK, click1);
                         //自定义监听事件过程
  function click1(event:MouseEvent):void {
   hobby = "" ;                    //设置变量 hobby 为空
   if (checkb1.selected == true)          //利用 IF 条件语句，得到爱好的内容
     hobby = hobby + checkb1.label ;
   if (checkb2.selected == true)
     hobby = hobby + checkb2.label ;
   if (checkb3.selected == true)
     hobby = hobby + checkb3.label ;
   if (checkb4.selected == true)
     hobby = hobby + checkb4.label ;
   if (checkb5.selected == true)
     hobby = hobby + checkb5.label ;
   if (checkb6.selected == true)
     hobby = hobby + checkb6.label ;
                         //为各个标签的 label 属性赋值
     label1.text = "你的姓名是: " + sname.text ;
     label2.text = "你的密码是: " + pwd.text ;
     label3.text = "性别为: " + sex ;
     label4.text = "你的省份是: " + Comb1.selectedItem.label ;
     label5.text = "你的爱好是: " +hobby ;
     Texta2.text = Texta1.text ;


  }

                         //添加取消按钮的监听事件
  button2.addEventListener(MouseEvent.CLICK, click2);
                         //自定义监听事件过程
  function click2(event:MouseEvent):void {
   sname.text = "" ;
   pwd.text = "" ;
   Radb1.selected = true ;
   Radb2.selected = false ;
   checkb1.selected = true ;
   checkb2.selected = false ;
   checkb3.selected = false ;
   checkb4.selected = false ;
   checkb5.selected = false ;
   checkb6.selected = false ;
   Texta1.text = "" ;
  }
```

（2）测试动画。单击"控制/测试影片"命令（快捷键：Ctrl+Enter），运行动画，然后输入用户注册信息，如图 9-23 所示。

（3）用户注册信息输入完成后，单击"提交"按钮，就可以显示该用户的注册信息，如图 9-24 所示。

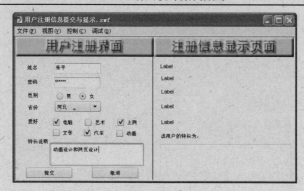

用户注册信息提交与显示.swf
文件(F) 视图(V) 控制(C) 调试(D)
用户注册界面
注册信息显示页面
姓名
张平
密码
******
性别
男
女
省份
河北
爱好
电脑
艺术
上网
文学
汽车
动画
特长说明
动画设计和网页设计
提交
取消
Label
Label
Label
Label
Label
该用户的特长为：

图 9-23 输入用户注册信息

用户注册信息提交与显示.swf
文件(F) 视图(V) 控制(C) 调试(D)
用户注册界面
注册信息显示页面
姓名
张平
密码
******
性别
男
女
省份
河北
爱好
电脑
艺术
上网
文学
汽车
动画
特长说明
动画设计和网页设计
提交
取消
你的姓名是：张平
你的密码是：123456
性别为：女
你的省份是：河北
你的爱好是：电脑上网汽车
该用户的特长为：
动画设计和网页设计

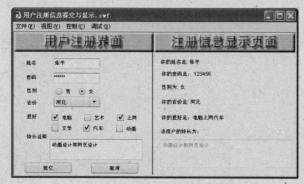

图 9-24 显示用户的注册信息

案例 9.2 DataGrid 组件的应用

9.2.1 案例说明与效果

本案例是利用 DataGrid 组件动态加载数组中的数据信息。动画动行后，效果如图 9-25 所示。

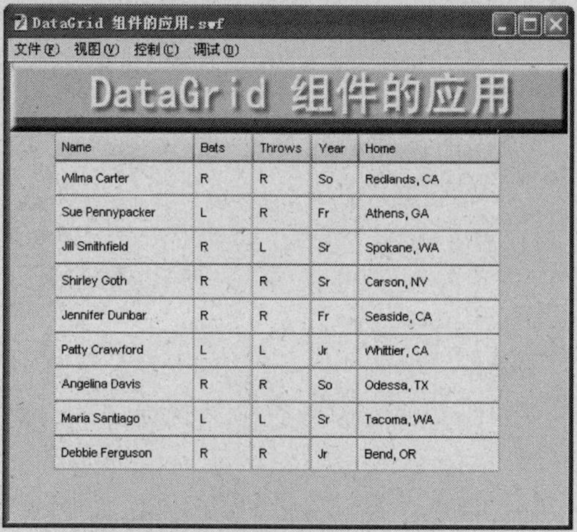

DataGrid 组件的应用.swf
文件(F) 视图(V) 控制(C) 调试(D)
DataGrid 组件的应用
Name
Bats
Throws
Year
Home
Wilma Carter
R
R
So
Redlands, CA
Sue Pennypacker
L
R
Fr
Athens, GA
Jill Smithfield
R
L
Sr
Spokane, WA
Shirley Goth
R
R
Sr
Carson, NV
Jennifer Dunbar
R
R
Fr
Seaside, CA
Patty Crawford
L
L
Jr
Whittier, CA
Angelina Davis
R
R
So
Odessa, TX
Maria Santiago
L
L
Sr
Tacoma, WA
Debbie Ferguson
R
R
Jr
Bend, OR

图 9-25 DataGrid 组件的应用

9.2.2　技术要点与分析

本案例主要讲解 DataGrid 组件的应用。为了调用 DataGrid 组件，首先要导入 fl.data.DataProvider 库文件，然后自定义过程实现动态显示数组中的数据信息。

利用 DataGrid 组件的 dataProvider 属性调用数组，具体代码如下：

```
aDg.dataProvider = new DataProvider(aRoster);
```

其中 aRoster 是数组，然后利用 setSize()方法设置 DataGrid 的大小，利用 move()方法设置 DataGrid 的初始位置，利用 columns[]集合设置 DataGrid 各行的列宽，具体代码如下：

```
dg.setSize(400, 100);
    dg.columns = ["Name", "Bats", "Throws", "Year", "Home"];
    dg.columns[0].width = 120;
    dg.columns[1].width = 50;
    dg.columns[2].width = 50;
    dg.columns[3].width = 40;
    dg.columns[4].width = 120;
    dg.move(40,60);
```

9.2.3　实现过程

1. 动画界面设计

（1）双击桌面上的 图标，打开 Flash CS4 软件，单击"文件/新建"命令（快捷键：Ctrl+N），新建 Flash 文档。

（2）单击"文件/保存"命令（快捷键：Ctrl+S），保存文件名为"DataGrid 组件的应用"，文件类型为"Flash CS4 文档（*.fla）"。

（3）单击"修改/文档"命令（快捷键：Ctrl+J），弹出"文档属性"对话框，设置尺寸大小为 500 像素×400 像素，帧频为 12fps，颜色为"淡紫色"，单击"确定"按钮。

（4）单击工具箱中的矩形工具 ，设置填充色为"金黄色"，无边框，按下鼠标左键，绘制矩形，调整其位置后效果如图 9-26 所示。

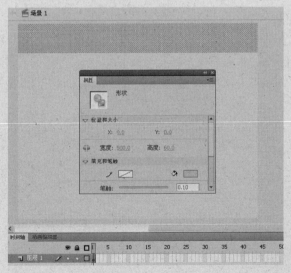

图 9-26　绘制矩形

（5）单击工具箱中的选择工具 ，选择矩形的一部分，设置填充色为"红色"，如图 9-27 所示。

（6）选择矩形，单击"修改/转换为元件"命令（快捷键：F8），打开"转换为元件"对话框，设置类型为"影片剪辑"，如图 9-28 所示。

图 9-27　改变矩形局部的颜色　　　　　图 9-28　"转换为元件"对话框

（7）单击"确定"按钮，然后单击"属性"面板中的添加滤镜按钮 ，在弹出的菜单中单击"斜角"命令，如图 9-29 所示。

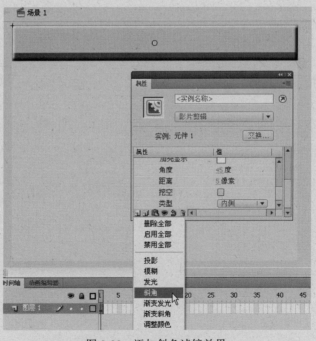

图 9-29　添加斜角滤镜效果

（8）单击工具箱中的文字工具 T，设置文字类型为"静态文字"，颜色为"白色"，在场景中单击，输入文字"DataGrid 组件的应用"，调整其样式及位置后，效果如图 9-30 所示。

（9）单击"属性"面板中的添加滤镜按钮，在弹出的菜单中单击"投影"命令，改变投影颜色为"红色"，如图 9-31 所示。

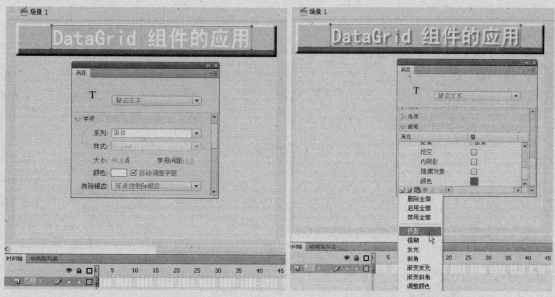

图 9-30 输入文字　　　　　　　　　　　　图 9-31 添加投影滤镜效果

（10）单击"窗口/组件"命令（快捷键：Ctrl+F7），弹出"组件"面板，如图 9-32 所示。

（11）在"组件"面板中选择 DataGrid 组件，按下鼠标左键，拖入到场景中，然后在"属性"面板中设置其实例名为 aDg，宽度为 400，高度为 300，如图 9-33 所示。

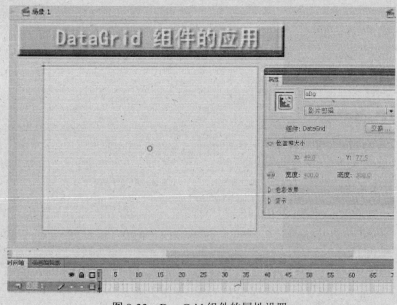

图 9-32 "组件"面板　　　　　　　　　　图 9-33 DataGrid 组件的属性设置

（12）单击"窗口/组件检查器"命令（快捷键：Shift+F7），弹出"组件检查器"面板，设置 DataGrid 组件的 rowHeight 属性为 30，如图 9-34 所示。

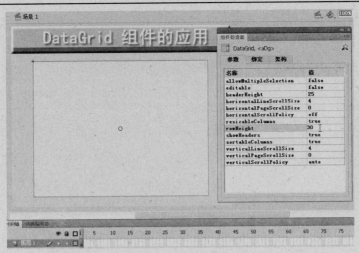

图 9-34　设置 DataGrid 组件的 rowHeight 属性

2. 添加 Action 代码及动画的测试

（1）选择"时间轴"面板图层 1 的第 1 帧，按 F9 键，打开"动作"面板，输入如下代码：

```
import fl.data.DataProvider;              //导入库文件
bldRosterGrid(aDg);                       //自定义过程
var aRoster:Array = new Array();          //定义数组
aRoster = [
    {Name:"Wilma Carter", Bats:"R", Throws:"R", Year:"So", Home: "Redlands, CA"},
    {Name:"Sue Pennypacker", Bats:"L", Throws:"R", Year:"Fr", Home: "Athens, GA"},
    {Name:"Jill Smithfield", Bats:"R", Throws:"L", Year:"Sr", Home: "Spokane, WA"},
    {Name:"Shirley Goth", Bats:"R", Throws:"R", Year:"Sr", Home: "Carson, NV"},
    {Name:"Jennifer Dunbar", Bats:"R", Throws:"R", Year:"Fr", Home: "Seaside, CA"},
    {Name:"Patty Crawford", Bats:"L", Throws:"L", Year:"Jr", Home: "Whittier, CA"},
    {Name:"Angelina Davis", Bats:"R", Throws:"R", Year:"So", Home: "Odessa, TX"},
    {Name:"Maria Santiago", Bats:"L", Throws:"L", Year:"Sr", Home: "Tacoma, WA"},
    {Name:"Debbie Ferguson", Bats:"R", Throws:"R", Year: "Jr", Home: "Bend, OR"},
];
                               //定义新的 DataProvider 实例
aDg.dataProvider = new DataProvider(aRoster);
aDg.rowCount = aDg.length;
                               //自定义 bldRosterGrid 过程
function bldRosterGrid(dg:DataGrid){
    dg.setSize(400, 100);           //设置 DataGrid 的大小
    dg.columns = ["Name", "Bats", "Throws", "Year", "Home"];
    dg.columns[0].width = 120;
    dg.columns[1].width = 50;
    dg.columns[2].width = 50;
    dg.columns[3].width = 40;
    dg.columns[4].width = 120;
    dg.move(40,60);                 //设置 DataGrid 的初始位置
};
```

（2）测试动画。单击"控制/测试影片"命令（快捷键：Ctrl+Enter），运行动画，就可以通过 DataGrid 组件显示用户信息，如图 9-35 所示。

图 9-35　通过 DataGrid 组件显示用户信息

案例 9.3　利用 ColorPicker 组件动态设置矩形的颜色

9.3.1　案例说明与效果

本案例是一款利用 ColorPicker 组件动态设置矩形的颜色，注意矩形也是利用代码绘制的。动画动行后，通过 ColorPicker 组件即可修改矩形的颜色，如图 9-36 所示。

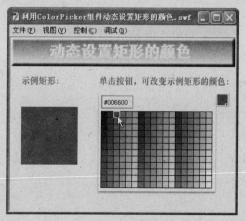

图 9-36　利用 ColorPicker 组件动态设置矩形的颜色

9.3.2　技术要点与分析

本案例主要讲解 ColorPicker 组件的应用。为了调用 ColorPicker 组件，首先要导入 fl.events.ColorPickerEvent 库文件，然后定义名称为 aBox 的影片剪辑元件实例，再利用 aBox 调用 drawBox()方法来绘制矩形并填充颜色，具体代码如下：

```
import fl.events.ColorPickerEvent;          //导入库文件
   //定义影片剪辑实例，绘制矩形填充颜色为深绿色的矩形
var aBox:MovieClip = new MovieClip();
drawBox(aBox, 0xFF0000);
function drawBox(box:MovieClip,color:uint):void {
        box.graphics.beginFill(color, 1);   //调用 graphics 对象的 beginFill 方
                                            //法设置填充初始颜色
        box.graphics.drawRect(20, 120, 100, 100);   //设置矩形的位置及大小
        box.graphics.endFill();     //调用 graphics 对象的 endFill()方法完成填充颜色
}
```

定义 ColorPicker 组件监听事件，从而实现动态改变矩形填充颜色，具体代码如下：

```
   //ColorPicker 组件实例的监听事件
aCp.addEventListener(ColorPickerEvent.CHANGE,changeHandler);
                      //自定义监听过程
function changeHandler(event:ColorPickerEvent):void {
    drawBox(aBox, event.target.selectedColor);     //改变矩形的颜色
}
```

9.3.3　实现过程

1. 动画界面设计

（1）双击桌面上的 图标，打开 Flash CS4 软件，单击 "文件/新建" 命令（快捷键：Ctrl+N），新建 Flash 文档。

（2）单击 "文件/保存" 命令（快捷键：Ctrl+S），保存文件名为 "利用 ColorPicker 组件动态设置矩形的颜色"，文件类型为 "Flash CS4 文档（*.fla）"。

（3）单击 "修改/文档" 命令（快捷键：Ctrl+J），弹出 "文档属性" 对话框，设置尺寸大小为 400 像素×300 像素，帧频为 12fps，颜色为 "淡黄色"，单击 "确定" 按钮。

（4）单击工具箱中的矩形工具 ，设置填充色为 "红色"，无边框，按下鼠标左键，绘制矩形，调整其位置后效果如图 9-37 所示。

图 9-37　绘制矩形

（5）单击"窗口/颜色"命令（快捷键：Shift+F9），打开"颜色"对话框，设置类型为"线性"，然后调整渐变色的颜色，具体设置及效果如图 9-38 所示。

（6）单击工具箱中的渐变变形工具 ，对填充的渐变色进行角度旋转及缩放处理后，效果如图 9-39 所示。

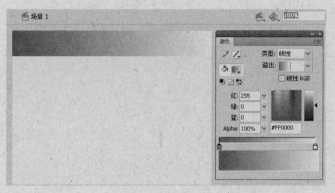

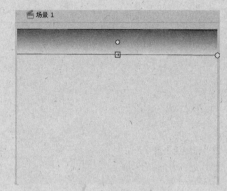

图 9-38　填充渐变色　　　　　　　　　　　　　　　　图 9-39　调整渐变色

（7）选择矩形，单击"修改/转换为元件"命令（快捷键：F8），打开"转换为元件"对话框，设置类型为"影片剪辑"，如图 9-40 所示。

（8）单击"确定"按钮，然后单击"属性"面板中的添加滤镜按钮 ，在弹出的菜单中单击"斜角"命令，如图 9-41 所示。

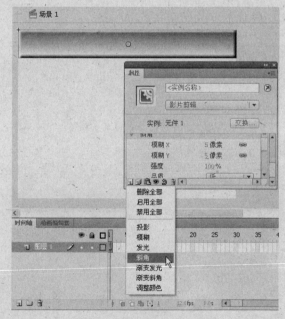

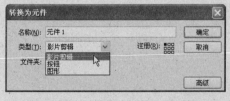

图 9-40　"转换为元件"对话框　　　　　　　　图 9-41　添加斜角滤镜效果

（9）单击工具箱中的文字工具 T ，设置文字类型为"静态文字"，颜色为"白色"。在场景中单击，输入文字"动态设置矩形的颜色"，调整其样式及位置后，效果如图 9-42 所示。

（10）选择刚输入的文字，按 Ctrl+C 键复制 1 个，然后按 Ctrl+V 键粘贴，调整其位置及颜色后效果如图 9-43 所示。

　　图 9-42　输入文字　　　　　　　　　　　　图 9-43　复制文字

　　（11）单击"窗口/组件"命令（快捷键：Ctrl+F7），打开"组件"面板，如图 9-44 所示。

　　（12）在"组件"面板中选择 ColorPicker 组件，按下鼠标左键，拖入到场景中，然后在"属性"面板中为其命名为 aCp，如图 9-45 所示。

　　图 9-44　"组件"面板　　　　　　　图 9-45　添加 ColorPicker 组件并命名

　　（13）单击"窗口/组件检查器"命令（快捷键：Shift+F7），弹出"组件检查器"面板，设置 ColorPicker 组件的 selectedColor 属性为"深绿色"，如图 9-46 所示。

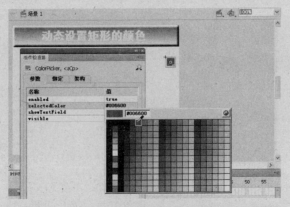

图 9-46　设置 ColorPicker 组件的 selectedColor 属性

　　（14）单击工具箱中的文字工具 T，设置文字类型为"静态文字"，输入说明性文字，调整其位置后效果如图 9-47 所示。

图 9-47　说明性文字

2. 添加 Action 代码及动画的测试

（1）选择"时间轴"面板中图层 1 的第 1 帧，按 F9 键，打开"动作"面板，输入如下代码：

```
import fl.events.ColorPickerEvent;
var aBox:MovieClip = new MovieClip();
drawBox(aBox, 0x009900);
addChild(aBox);
aCp.addEventListener(ColorPickerEvent.CHANGE,changeHandler);
function changeHandler(event:ColorPickerEvent):void
{
    drawBox(aBox, event.target.selectedColor);
}
function drawBox(box:MovieClip,color:uint):void
{
        box.graphics.beginFill(color, 1);
        box.graphics.drawRect(20, 120, 100, 100);
        box.graphics.endFill();
}
```

（2）测试动画。单击"控制/测试影片"命令（快捷键：Ctrl+Enter），运行动画，通过 ColorPicker 组件即可修改矩形的颜色，如图 9-48 所示。

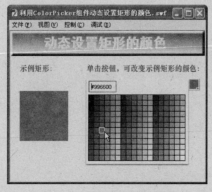

图 9-48　修改矩形的颜色

案例 9.4　ProgressBar 组件和 NumericStepper 组件的应用

9.4.1　案例说明与效果

本案例是利用 ProgressBar 组件和 NumericStepper 组件实现滚动条动态控制功能，动画动行后，效果如图 9-49 所示。

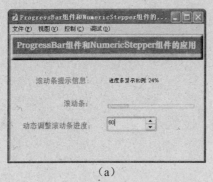
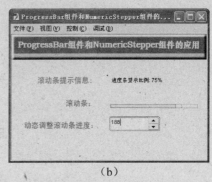

（a）　　　　　　　　　　　　　　　　（b）

图 9-49　ProgressBar 组件和 NumericStepper 组件的应用

9.4.2　技术要点与分析

本案例主要讲解 ProgressBar 组件和 NumericStepper 组件的应用。为了调用 ProgressBar 组件，首先要导入 fl.controls.ProgressBarDirection 和 fl.controls.ProgressBarMode 库文件，然后动态设置 ProgressBar 组件的对齐方式、最大值、最小值等属性，具体代码如下：

```
aPb.direction = ProgressBarDirection.RIGHT;      //右对齐
aPb.mode = ProgressBarMode.MANUAL;
aPb.minimum = aNs.minimum;                //最小值
aPb.maximum = aNs.maximum;                //最大值
aPb.indeterminate = false;
```

定义 NumericStepper 组件的监听事件，实现动态调整进度条的进度，具体代码如下：

```
                        //NumericStepper 组件的监听事件
aNs.addEventListener(Event.CHANGE, nsChangeHandler);
                        //自定义 nsChangeHandler 过程
function nsChangeHandler(event:Event):void {
    aPb.value = aNs.value;
    aPb.setProgress(aPb.value, aPb.maximum);
    progLabel.text = "进度条显示比例: " + int(aPb.percentComplete) + "%";
}
```

9.4.3　实现过程

1. 动画界面设计

（1）双击桌面上的 图标，打开 Flash CS4 软件，单击"文件/新建"命令（快捷键：Ctrl+N），新建 Flash 文档。

（2）单击"文件/保存"命令（快捷键：Ctrl+S），保存文件名为"ProgressBar 组件和 NumericStepper 组件的应用"，文件类型为"Flash CS4 文档（*.fla）"。

（3）单击"修改/文档"命令（快捷键：Ctrl+J），弹出"文档属性"对话框，设置尺寸大小为 450 像素×250 像素，帧频为 12fps，颜色为"淡黄色"，单击"确定"按钮。

（4）单击工具箱中的矩形工具 ，设置填充色为"红色"，无边框，按下鼠标左键，绘制矩形，调整其位置后效果如图 9-50 所示。

（5）单击工具箱中的选择工具 ，选择矩形的一部分，然后设置填充色为"深黄色"，如图 9-51 所示。

图 9-50　绘制矩形

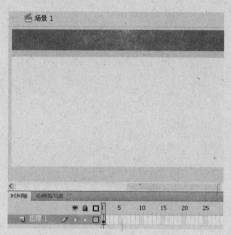

图 9-51　改变矩形局部的颜色

（6）选择矩形，单击"修改/转换为元件"命令（快捷键：F8），打开"转换为元件"对话框，设置类型为"影片剪辑"，如图 9-52 所示。

（7）单击"确定"按钮，然后单击"属性"面板中的添加滤镜按钮 ，在弹出的菜单中单击"斜角"命令，如图 9-53 所示。

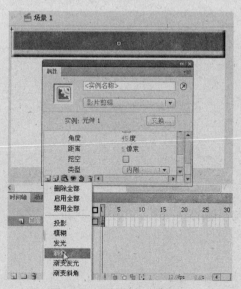

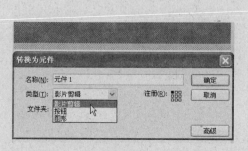

图 9-52　"转换为元件"对话框

图 9-53　添加斜角滤镜效果

（8）单击工具箱中的文字工具 T，设置文字类型为"静态文字"，颜色为"白色"。在场景中单击，输入文字"ProgressBar 组件和 NumericStepper 组件的应用"，调整其样式及位置后，效果如图 9-54 所示。

（9）选择刚输入的文字，按 Ctrl+C 键复制 1 个，然后按 Ctrl+V 键粘贴，调整其位置及颜色后效果如图 9-55 所示。

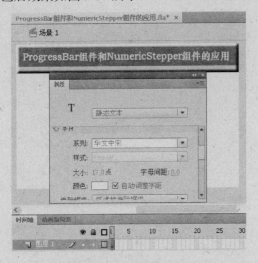

图 9-54　输入文字

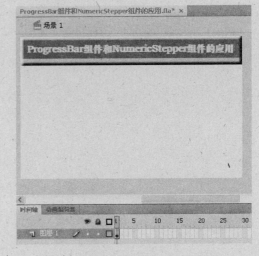

图 9-55　复制文字

（10）同理，再输入其他提示信息，调整位置后效果如图 9-56 所示。

（11）单击"窗口/组件"命令（快捷键：Ctrl+F7），弹出"组件"面板，如图 9-57 所示。

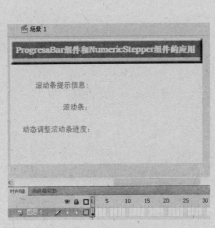

图 9-56　其他提示信息

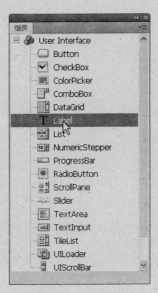

图 9-57　组件面板

（12）在"组件"面板中选择 Label 组件，按下鼠标左键，拖入到场景中，然后在"属性"面板中设置其实例名为 progLabel，宽度为 180，高度为 22，如图 9-58 所示。

图 9-58　Label 组件属性设置

（13）单击"窗口/组件检查器"命令（快捷键：Shift+F7），弹出"组件检查器"面板，设置 Label 组件的 text 属性为"提示信息"，如图 9-59 所示。

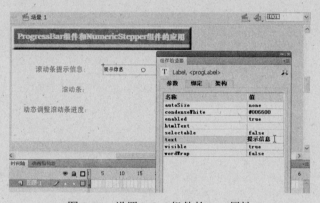

图 9-59　设置 Label 组件的 text 属性

（14）在"组件"面板中选择 ProgressBar 组件，按下鼠标左键，拖入到场景中，然后在"属性"面板中设置其实例名为 aPb，宽度为 180，高度为 8，如图 9-60 所示。

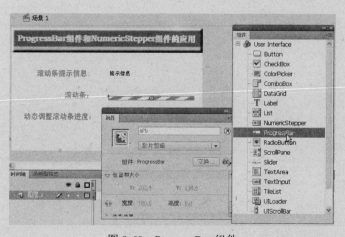

图 9-60　ProgressBar 组件

（15）在"组件"面板中选择 NumericStepper 组件，按下鼠标左键，拖入到场景中，然后在"属性"面板中设置其实例名为 aNs，宽度为 100，高度为 25，如图 9-61 所示。

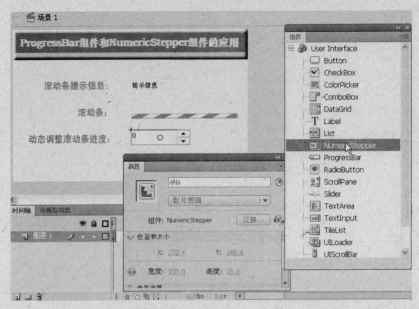

图 9-61　NumericStepper 组件

（16）单击"窗口/组件检查器"命令（快捷键：Shift+F7），弹出"组件检查器"面板，设置 NumericStepper 组件的 maximum 属性为 250，minimum 属性为 0，Value 值为 0，stepSize 属性为 1，如图 9-62 所示。

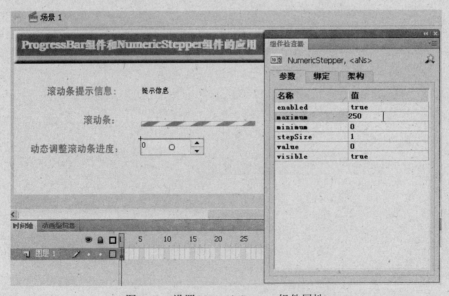

图 9-62　设置 NumericStepper 组件属性

2．添加 Action 代码及动画的测试

（1）选择"时间轴"面板中图层 1 的第 1 帧，按 F9 键，打开"动作"面板，输入如下代码：

//导入库文件

```
import fl.controls.ProgressBarDirection;
import fl.controls.ProgressBarMode;
import flash.events.Event;
```

　　　　　　　//设置滚动条的对齐方式、最大值、最小值等属性

```
aPb.direction = ProgressBarDirection.RIGHT;
aPb.mode = ProgressBarMode.MANUAL;
aPb.minimum = aNs.minimum;
aPb.maximum = aNs.maximum;
aPb.indeterminate = false;
```

　　　　　　　　　　//NumericStepper 组件的监听事件

```
aNs.addEventListener(Event.CHANGE, nsChangeHandler);
```

　　　　　　　　　//自定义 nsChangeHandler 过程

```
function nsChangeHandler(event:Event):void
{
    aPb.value = aNs.value;
    aPb.setProgress(aPb.value, aPb.maximum);
    progLabel.text = "进度条显示比例: " + int(aPb.percentComplete) + "%";
}
```

（2）测试动画。单击“控制/测试影片”命令（快捷键：Ctrl+Enter），运行动画，利用 NumericStepper 组件设置进度条的进度，如图 9-63 所示。

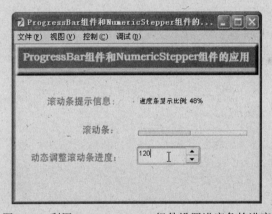

图 9-63　利用 NumericStepper 组件设置进度条的进度

本章小结

　　本章通过 4 个具体的案例讲解 Flash CS4 强大的 UI 组件应用特效，即用户注册信息提交与显示、DataGrid 组件的应用、利用 ColorPicker 组件动态设置矩形的颜色、ProgressBar 组件和 NumericStepper 组件的应用。通过本章的学习，读者可以掌握 Flash CS4 常用 UI 组件的使用方法与技巧，从而利用 UI 组件设计制作出功能强大的、交互性强的应用程序。

第 10 章 XML 数据操作特效

本章重点

本章重点讲解 Flash CS4 强大的 XML 数据操作功能，即利用 Flash CS4 可以初始化 XML 变量、变换和组合 XML 对象、遍历 XML 结构、提取外部 XML 文档内容等，具体内容如下：

➤ 利用 XML 实现下拉菜单特效
➤ 利用 XML 实现图像动态缩放特效
➤ 利用 XML 实现商品信息动态浏览特效

案例 10.1 利用 XML 实现下拉菜单特效

10.1.1 案例说明与效果

本案例是利用代码调用 XML 文件来实现下拉菜单特效，动画运行后，单击菜单就会弹出其子菜单，如图 10-1 所示。

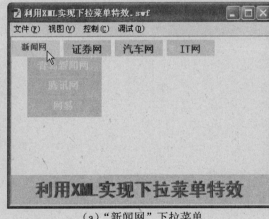
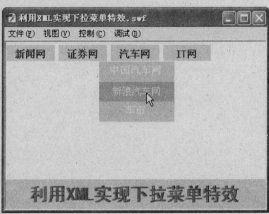

（a）"新闻网"下拉菜单　　　　　　　（b）"汽车网"下拉菜单

图 10-1　利用 XML 实现下拉菜单特效

单击下拉菜单中的子菜单，就可以打开相对应的网站，单击"新浪汽车网"菜单，就会打开新浪汽车网主页，如图 10-2 所示。

图 10-2　新浪汽车网主页

10.1.2　技术要点与分析

本案例主要讲解如何加载 XML 文件信息，并在影片剪辑元件中的动态文本中显示。首先创建 XML 对象实例，然后调用 Load()方法加载该实例，具体代码如下：

```
a=new XML();
a.load("menu.xml");
```

加载 XML 对象实例的功能是通过自定义函数来实现的，具体实现代码如下：

```
a.onLoad=function(){
 dup=a.firstChild.childNodes.length;
 //读取 xml 子节点的长度
 for(i=0;i<dup;i++){
     _root.attachMovie("mc","mc" add i,i);
     _root["mc" add i]._y=15;
     _root["mc" add i]._x=i*80+30;
     _root["mc" add i].txt = a.firstChild.childNodes[i].attributes.node;
     //读取菜单名称
     }
     //根据子节点来设置菜单
}
```

定义鼠标移动事件功能函数，实现当鼠标触及菜单时，菜单改变颜色的功能，然后定义鼠标按下事件功能函数，实现单击按下菜单后，打开其对应的网站主页页面。

10.1.3 实现过程

1. 动画界面设计

（1）双击桌面上的 图标，打开 Flash CS4 软件，单击"文件/新建"命令（快捷键：Ctrl+N），新建 Flash 文档。

（2）单击"文件/保存"命令（快捷键：Ctrl+S），保存文件名为"利用 XML 实现下拉菜单特效"，文件类型为"Flash CS4 文档（*.fla）"。

（3）单击"修改/文档"命令（快捷键：Ctrl+J），弹出"文档属性"对话框，设置尺寸大小为 600 像素×300 像素，颜色为"淡黄色"，帧频为 12fps，单击"确定"按钮。

（4）单击工具箱中的矩形工具 ，设置填充色为"金黄色"，边框颜色为"深黄色"，然后按下鼠标左键绘制矩形，如图 10-3 所示。

（5）单击工具箱中的文字工具 T ，设置文字类型为"静态文字"，颜色为"暗红色"，大小为 28 点，在场景中单击，输入文字"利用 XML 实现下拉菜单特效"，调整其位置后效果如图 10-4 所示。

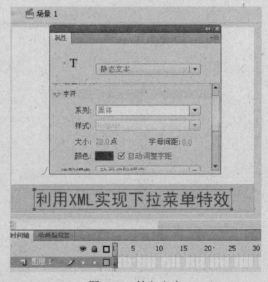

图 10-3   绘制矩形   图 10-4   输入文字

（6）选择刚输入的文字，按 Ctrl+C 键复制 1 个，然后按 Ctrl+V 键粘贴，调整其位置及颜色后效果如图 10-5 所示。

（7）设计制作菜单文字影片剪辑。单击"插入/新建元件"命令（快捷键：Ctrl+F8），弹出"创建新元件"对话框，设置名称为 mymenu，类型为"影片剪辑"，如图 10-6 所示。

（8）单击"确定"按钮。单击工具箱中的矩形工具 ，设置填充色为"灰色"，无边框，按下鼠标左键，绘制矩形，调整其位置后效果如图 10-7 所示。

（9）单击工具箱中的文字工具 T ，设置文字类型为"动态文本"，颜色为"暗红色"，大小为 15 点，如图 10-8 所示。

图 10-5 复制文字

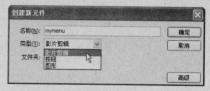

图 10-6 "创建新元件"对话框

图 10-7 绘制矩形

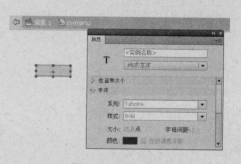

图 10-8 动态文本

（10）选择动态文本，设置其变量名为 txt，这在后面的 Action 代码中会用到，如图 10-9 所示。

（11）选择"时间轴"面板中图层 1 的第 2 帧，右击，在弹出的快捷菜单中单击"插入关键帧"命令，然后改变矩形颜色为"黄色"，文字颜色为"红色"，如图 10-10 所示。

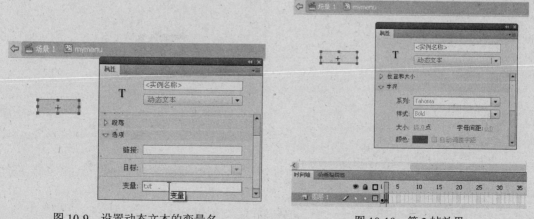

图 10-9 设置动态文本的变量名

图 10-10 第 2 帧效果

（12）选择"时间轴"面板中图层 1 的第 1 帧，按 F9 键，弹出"动作"面板，添加如下代码：

```
stop();
```

（13）单击"场景 1"，返回场景。

（14）单击"插入/新建元件"命令（快捷键：Ctrl+F8），弹出"创建新元件"对话框，设置名称为 sub，类型为"影片剪辑"，如图 10-11 所示。

（15）单击"确定"按钮。单击工具箱中的矩形工具 ，设置填充色为"淡蓝色"，无边框，按下鼠标左键，绘制矩形，调整其位置后效果如图 10-12 所示。

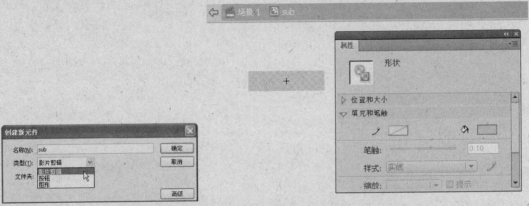

图 10-11　"创建新元件"对话框　　　　　　图 10-12　绘制矩形

（16）单击工具箱中的文字工具 T，设置文字类型为"动态文本"，颜色为"黄色"，大小为 15 点，如图 10-13 所示。

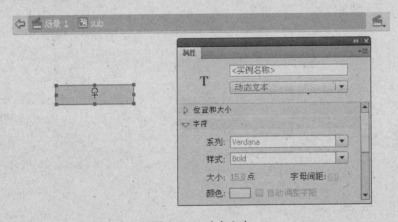

图 10-13　动态文本

（17）选择动态文本，设置其变量名为 subtxt，这在后面的 Action 代码中会用到，如图 10-14 所示。

（18）单击"场景 1"，返回场景。

（19）单击"插入/新建元件"命令（快捷键：Ctrl+F8），弹出"创建新元件"对话框，设置名称为 submenu，类型为"影片剪辑"，如图 10-15 所示。

（20）单击"确定"按钮。单击"窗口/库"命令（快捷键：Ctrl+L），打开"库"面板。

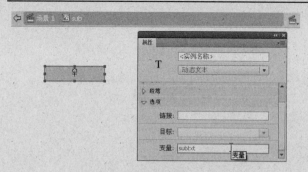
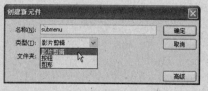

图 10-14　设置动态文本的变量名　　　　　　图 10-15　"创建新元件"对话框

（21）选择 sub 影片剪辑元件，按下鼠标拖入新建的影片剪辑中，然后在"属性"面板中设置样式为 Alpha，其值为 0%，如图 10-16 所示。

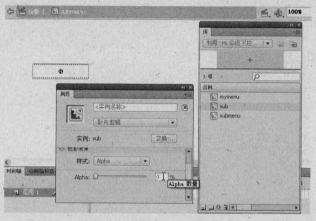

图 10-16　调整元件的不透明度

（22）选择"时间轴"面板中图层 1 的第 10 帧，右击，在弹出的快捷菜单中单击"插入关键帧"命令，然后设置元件的 Alpha 值为 100%，如图 10-17 所示。

（23）选择"时间轴"面板中图层 1 的第 1～10 帧之间的任一帧，右击，在弹出的快捷菜单中单击"创建传统补间"命令，创建动画，如图 10-18 所示。

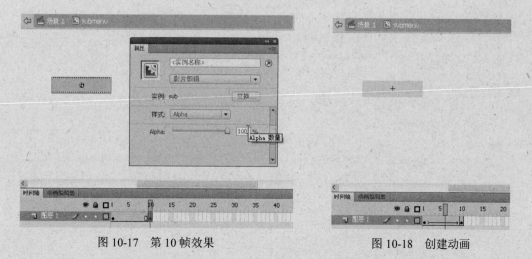

图 10-17　第 10 帧效果　　　　　　　　　图 10-18　创建动画

（24）选择"时间轴"面板中图层 1 的第 10 帧，按 F9 键，弹出"动作"面板，添加如下代码：

```
stop();
```

（25）选择"时间轴"面板中图层 1 的第 11 帧，右击，在弹出的快捷菜单中单击"插入空白关键帧"命令，然后绘制矩形并添加动态文本，具体设置如图 10-19 所示。

图 10-19   第 11 帧效果

（26）单击"场景 1"，返回场景。

2. 编写 XML 文档

（1）双击桌面上的图标，打开记事本，输入如下代码：

```xml
?xml version="1.0" encoding="utf-8"?>
<root>
 <cd node="新闻网">
        <cds subnode="青岛新闻网" url="http://www.qingdaonews.com"/>
        <cds subnode="腾讯网" url="http://www.qq.com" />
        <cds subnode="网易" url="http://www.163.com"/>
 </cd>

 <cd node="证券网">
        <cds subnode="证券之星" url="http://www.stockstar.com"/>
        <cds subnode="和讯" url="http://stock.hexun.com"/>
            <cds subnode="东方财富" url="http://stock.eastmoney.com"/>
 </cd>

 <cd node="汽车网">
            <cds subnode="中国汽车网" url="http://www.chinacars.com"/>
        <cds subnode="新浪汽车网" url="http://auto.sina.com.cn" />
        <cds subnode="车市" url="http://www.cheshi.com.cn"/>
 </cd>

 <cd node="IT 网">
            <cds subnode="天极网" url="http://www.yesky.com"/>
```

```
        <cds subnode="太平洋网" url="http://www.pconline.com.cn" />
        <cds subnode="微软" url="http://www.microsoft.com/china"/>
    </cd>
</root>
```

（2）保存文件。单击"文件/另存为"命令，弹出"另存为"对话框，设置文件类型为"所有文件"，文件名为 menu.xml，如图 10-20 所示。

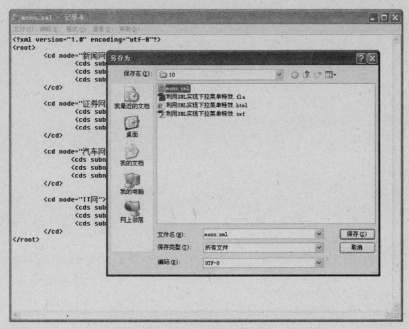

图 10-20　保存 XML 文件

注意：要保存的 XML 文件要与 Flash 文件保存在同一个文件夹中。

3．添加 Action 代码及动画的测试

（1）选择"时间轴"面板中图层 1 的第 1 帧，按 F9 键，打开"动作"面板，输入如下代码：

```
fscommand("allowscale","false");
a=new XML();
//创建一个新的空 XML 对象
a.ignoreWhite=true;
//在分析过程中将放弃仅包含空白的文本节点
a.load("menu.xml");
//载入a.xml
a.onLoad=function(){
  dup=a.firstChild.childNodes.length;
  //读取 xml 子节点的长度
  for(i=0;i<dup;i++){
      _root.attachMovie("mc","mc" add i,i);
      _root["mc" add i]._y=15;
      _root["mc" add i]._x=i*80+30;
```

```
                _root["mc" add i].txt = a.firstChild.childNodes[i].attributes.node;
                //读取菜单名称
                }
                //根据子节点来设置菜单
        }
    _root.onMouseDown=function(){
     for(i=0;i<dup;i++){
            subdup=a.firstChild.childNodes[i].childNodes.length;
            if(_root["mc" add i].hitTest(_root._xmouse,_root._ymouse)){
                    if(a.firstChild.childNodes[i].hasChildNodes()){
                            for(j=0;j<subdup;j++){
                                    _root.attachMovie("submc","submc" add i add j,i+j+50);
                                    _root["submc"           add           i           add
j].subtxt=a.firstChild.childNodes[i].childNodes[j].attributes.subnode;
                                    //读取子菜单名称
                                    _root["submc" add i add j]._x=i*59+87;
                                    _root["submc" add i add j]._y=j*30+37;}


                    }
            }
            //当鼠标触到菜单时，显示该菜单的子菜单
            else {for(j=0;j<10;j++){removeMovieClip(_root["submc" add i add j])}}
            }
            //否则删除该菜单下的子菜单
    if(k){getURL(urll,_blank);}
    }
    //当 K 为真时，打开网址
    _root.onMouseMove=function(){
     k=false;
     for(i=0;i<dup;i++){
            if(_root["mc" add i].hitTest(_root._xmouse,_root._ymouse)){
                _root["mc" add i].gotoAndStop(2);
                }
                //当鼠标触及菜单时，菜单改变颜色
            else{_root["mc" add i].gotoAndStop(1)}
            //否则为默认颜色
            for(j=0;j<10;j++){
                    if(_root["submc"  add  i  add  j].hitTest(_root._xmouse, 共 产 党
_root._ymouse)){
                    _root["submc" add i add j].gotoAndStop(11);
                    //鼠标触及子菜单时，改变子菜单的颜色
                    urll=a.firstChild.childNodes[i].childNodes[j].attributes.url;
                    //读取 url 值，并赋值给变量 urll
                    k=true;
                    //设置 k 为真
                    }
                    else  if(_root["submc"  add  i  add  j]._currentframe!=10  &&
```

```
_root["submc" add i add j]._currentframe!=11){
                _root["submc" add i add j].play()}
    else{_root["submc" add i add j].gotoAndStop(10)}
    //跳转到 submc 影片剪辑元件的第 10 帧，并停止播放
        }
    }
}
```

（2）测试动画。单击"控制/测试影片"命令（快捷键：Ctrl+Enter），运行动画，单击菜单，即可显示其子菜单，如图 10-21 所示。

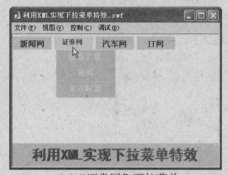

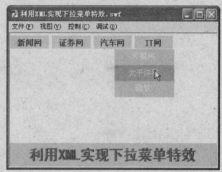

（a）"证券网"下拉菜单　　　　　　　　　　（b）"TI 网"下拉菜单

图 10-21　下拉菜单效果

（3）单击"太平洋网"菜单命令，可以跳转到该网站主页，如图 10-22 所示。

图 10-22　太平洋网主页

案例 10.2　利用 XML 实现图像动态缩放特效

10.2.1　案例说明与效果

本案例是一款利用 XML 文件及影片剪辑来实现图像动态放大与缩小的特效，动画运行后的效果如图 10-23 所示。

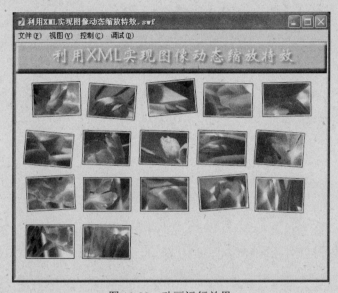

图 10-23　动画运行效果

指向图像，按下鼠标左键，即可动态变大图像，拖动鼠标还可以移动图像的位置，如图 10-24 所示。

图 10-24　图像的动态放大及拖动效果

10.2.2　技术要点与分析

本案例主要讲解如何加载 XML 文件信息，并把图像动态显示在场景中，鼠标指向图像并按下就可以放大显示该图像。

首先创建 XML 对象实例，然后定义其 onLoad 加载事件代码，实现动态显示 XML 文件中所定义的图像信息，最后调用 Load()方法加载 XML 文件，具体代码如下：

```
var gallery_xml:XML = new XML();           //定义 XML 实例
gallery_xml.ignoreWhite = true;
gallery_xml.onLoad = function(success:Boolean) {    //XML 加载过程
  try {
      if (success) {
            var images:Array = this.firstChild.childNodes;
            var gallery_array:Array = new Array();       //定义数组
            for (var i = 0; i<images.length; i++) {    //利用 for 循环语句分别
                                                        //加载每幅图像
            gallery_array.push({src:images[i].firstChild.nodeValue});
            }
            displayGallery(gallery_array);
      } else {
            throw new Error("Unable to parse XML");      //错误提示信息
      }
  } catch (e_err:Error) {
      trace(e_err.message);
  } finally {
      delete this;
  }
};
gallery_xml.load("gallery_tween.xml");                    //加载 XML 文件
```

10.2.3　实现过程

1. 动画界面设计

（1）双击桌面上的 图标，打开 Flash CS4 软件，单击"文件/新建"命令（快捷键：Ctrl+N），新建 Flash 文档。

（2）单击"文件/保存"命令（快捷键：Ctrl+S），保存文件名为"利用 XML 实现图像动态缩放特效"，文件类型为"Flash CS4 文档（*.fla）"。

（3）单击"修改/文档"命令（快捷键：Ctrl+J），弹出"文档属性"对话框，设置尺寸大小为 600 像素×400 像素，帧频为 12fps，颜色为"淡黄色"，单击"确定"按钮。

（4）单击工具箱中的矩形工具 ，设置填充色为"金黄色"，无边框，按下鼠标左键，绘制矩形，调整其位置后效果如图 10-25 所示。

（5）单击工具箱中的选择工具 ，选择矩形的一部分，然后设置填充色为"红色"，如图 10-26 所示。

（6）选择矩形，单击"修改/转换为元件"命令（快捷键：F8），打开"转换为元件"对话框，设置类型为"影片剪辑"，如图 10-27 所示。

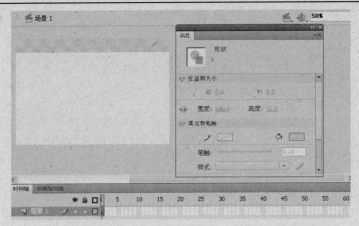

图 10-25　绘制矩形

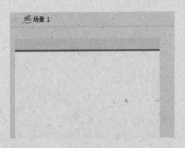

图 10-26　改变矩形局部的颜色

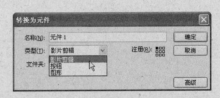

图 10-27　"转换为元件"对话框

（7）单击"确定"按钮，然后单击"属性"面板中的添加滤镜按钮，在弹出的菜单中单击"斜角"命令，如图 10-28 所示。

图 10-28　添加斜角滤镜效果

（8）单击工具箱中的文字工具 **T**，设置文字类型为"静态文字"，颜色为"白色"，在场景中单击，输入文字"利用 XML 实现图像动态缩放特效"，调整其样式及位置后的效果如图 10-29 所示。

图 10-29　输入文字

（9）单击"属性"面板中的添加滤镜按钮，在弹出的菜单中单击"投影"命令，改变投影颜色为"红色"，如图 10-30 所示。

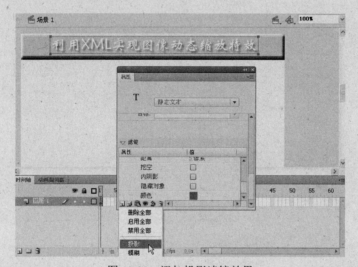

图 10-30　添加投影滤镜效果

2. 编写 XML 文档

（1）双击桌面上的图标，打开记事本，输入如下代码：

```xml
<?xml version="1.0"?>
<gallery>
  <img><![CDATA[DCP_0730.jpg]]></img>
  <img><![CDATA[DCP_0731.jpg]]></img>
  <img><![CDATA[DCP_0732.jpg]]></img>
  <img><![CDATA[DCP_0733.jpg]]></img>
  <img><![CDATA[DCP_0734.jpg]]></img>
  <img><![CDATA[DCP_0735.jpg]]></img>
  <img><![CDATA[DCP_0736.jpg]]></img>
  <img><![CDATA[DCP_0737.jpg]]></img>
  <img><![CDATA[DCP_0738.jpg]]></img>
```

```
<img><![CDATA[DCP_0739.jpg]]></img>
<img><![CDATA[DCP_0740.jpg]]></img>
<img><![CDATA[DCP_0741.jpg]]></img>
<img><![CDATA[DCP_0742.jpg]]></img>
<img><![CDATA[DCP_0743.jpg]]></img>
<img><![CDATA[DCP_0744.jpg]]></img>
<img><![CDATA[DCP_0745.jpg]]></img>
<img><![CDATA[DCP_0746.jpg]]></img>
</gallery>
```

（2）保存文件。单击"文件/另存为"命令，弹出"另存为"对话框，设置文件类型为"所有文件"，文件名为 gallery_tween.xml，如图 10-31 所示。

图 10-31　保存 XML 文件

注意：要保存的 XML 文件要与 Flash 文件保存在同一个文件夹中，并且在 XML 文件中所使用的图像文件也要放在该文件夹中。

3. 添加 Action 代码及动画的测试

（1）选择"时间轴"面板中图层 1 的第 1 帧，按 F9 键，打开"动作"面板，输入如下代码：

```
import mx.transitions.*;                         //导入库文件
_global.thisX = 30;                              //为全局变量赋值
_global.thisY = 70;
_global.stageWidth = 600;                        //设置场景的宽度与高度
_global.stageHeight = 400;
var gallery_xml:XML = new XML();                 //定义 XML 实例
gallery_xml.ignoreWhite = true;
gallery_xml.onLoad = function(success:Boolean) {  //XML 加载过程
```

```
    try {
        if (success) {
            var images:Array = this.firstChild.childNodes;
            var gallery_array:Array = new Array();        //定义数组
            for (var i = 0; i<images.length; i++) {
                gallery_array.push({src:images[i].firstChild.nodeValue});
            }
            displayGallery(gallery_array);
        } else {
            throw new Error("Unable to parse XML");        //错误提示信息
        }
    } catch (e_err:Error) {
        trace(e_err.message);
    } finally {
        delete this;
    }
};
gallery_xml.load("gallery_tween.xml");                //加载 XML 文件
function displayGallery(gallery_array:Array) {        //定义 displayGallery 过程
    var galleryLength:Number = gallery_array.length;
    for (var i = 0; i<galleryLength; i++) {
        var thisMC:MovieClip = this.createEmptyMovieClip("image"+i+"_mc", i);
        mcLoader_mcl.loadClip(gallery_array[i].src, thisMC);
        preloaderMC = this.attachMovie("preloader_mc", "preloader"+i+"_mc",
5000+i);
        preloaderMC.bar_mc._xscale = 0;
        preloaderMC.progress_txt.text = "0%";
        thisMC._x = _global.thisX;                        //为 thisMC 的 X、Y 坐标赋值
        thisMC._y = _global.thisY;
        preloaderMC._x = _global.thisX;
        preloaderMC._y = _global.thisY+20;
        if ((i+1)%5 == 0) {
            _global.thisX = 20;
            _global.thisY += 80;
        } else {
            _global.thisX += 80+20;
        }
    }
}
var mcLoader_mcl:MovieClipLoader = new MovieClipLoader();        //定义加载控件实例
var mclListener:Object = new Object();
mclListener.onLoadStart = function() {
};
                                //进度条控件的控制过程
mclListener.onLoadProgress = function(target_mc, loadedBytes, totalBytes) {
    var pctLoaded:Number = Math.round(loadedBytes/totalBytes*100);
    var preloaderMC = target_mc._parent["preloader"+target_mc.getDepth()+"_mc"];
```

```
    preloaderMC.bar_mc._xscale = pctLoaded;
    preloaderMC.progress_txt.text = pctLoaded+"%";
};
                    //定义进度条控件的初始化过程
mclListener.onLoadInit = function(evt:MovieClip) {
    evt._parent["preloader"+evt.getDepth()+"_mc"].removeMovieClip();
    var thisWidth:Number = evt._width;
    var thisHeight:Number = evt._height;
    var borderWidth:Number = 2;
    var marginWidth:Number = 8;
    evt.scale = 20;
    evt.lineStyle(borderWidth, 0x000000, 100);
    evt.beginFill(0xFFFFFF, 100);
    evt.moveTo(-borderWidth-marginWidth, -borderWidth-marginWidth);
    evt.lineTo(thisWidth+borderWidth+marginWidth, -borderWidth-marginWidth);
    evt.lineTo(thisWidth+borderWidth+marginWidth,
thisHeight+borderWidth+marginWidth);
    evt.lineTo(-borderWidth-marginWidth, thisHeight+borderWidth+marginWidth);
    evt.lineTo(-borderWidth-marginWidth, -borderWidth-marginWidth);
    evt.endFill();

    evt._xscale = evt.scale;
    evt._yscale = evt.scale;
    evt._rotation = Math.round(Math.random()*-10)+5;
    evt.onPress = function() {
        this.startDrag();
        this._xscale = 100;
        this._yscale = 100;
        this.origX = this._x;
        this.origY = this._y;

        this.origDepth = this.getDepth();
        this.swapDepths(this._parent.getNextHighestDepth());
        this._x = (_global.stageWidth-evt._width+30)/2;
        this._y = (_global.stageHeight-evt._height+30)/2;
        mx.transitions.TransitionManager.start(this,
{type:mx.transitions.Photo,              direction:0,              duration:1,
easing:mx.transitions.easing.Strong.easeOut, param1:empty, param2:empty});
    };
    evt.onRelease = function() {
        this.stopDrag();
        this._xscale = this.scale;
        this._yscale = this.scale;
        this._x = this.origX;
        this._y = this.origY;
    };
    evt.onReleaseOutside = evt.onRelease;
```

```
};
mcLoader_mcl.addListener(mclListener);        //添加监听事件
```

（2）测试动画。单击"控制/测试影片"命令（快捷键：Ctrl+Enter），运行动画，指向要放大的图像，按下鼠标即可，松开鼠标后图像又返回原来的位置，如图 10-32 所示。

 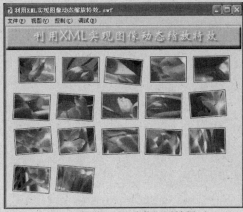

　　　　（a）图像放大效果　　　　　　　　　　　（b）图像返回原来位置效果

图 10-32　图像动态缩放特效

案例 10.3　利用 XML 实现商品信息动态浏览特效

10.3.1　案例说明与效果

本案例是利用代码调用 XML 文件来实现商品信息浏览功能，动画运行后的效果如图 10-33 所示。

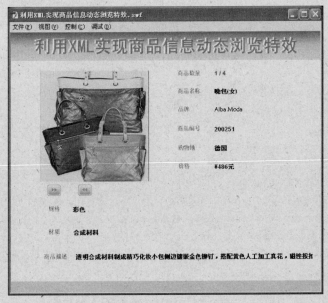

图 10-33　动画运行效果

单击界面中的 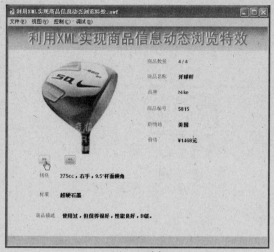 或 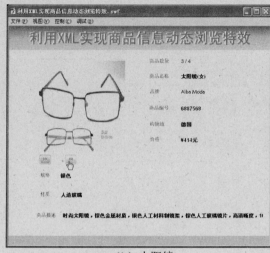，即可动态地浏览不同商品的信息，如图 10-34 所示。

（a）开球杆   （b）太阳镜

图 10-34   利用 XML 实现商品信息动态浏览特效

10.3.2   技术要点与分析

本案例包括 2 个场景：loading 和 photo，其中 loading 场景主要用来加载 XML 数据信息，成功加载信息后，自动跳转到 photo 场景。

在 photo 场景中利用 Action 代码动态判断商品的个数及相应内容，然后自定义函数，分别浏览每个商品的属性信息，具体代码如下：

```
e = goodsXML.firstChild.childNodes;          //获得 XML 的子节点内容
totalGoods = e.length;                        //获得 XML 的子节点长度
displayData();                                //调用 displayData 过程
function displayData() {
  goodsNo.text = (index+1)+" / "+totalGoods;
  with (e[index]) {                           //利用循环语句获得 XML 文件信息
      filePath = attributes["图片"];
      theName.text = attributes["商品名称"];
      theMark.text = attributes["品牌"];
      theNumber.text = attributes["商品编号"];
      theField.text = attributes["购物地"];
      thePrice.text = attributes["价格"];
      theSpec.text = attributes["规格"];
      theStuff.text = attributes["材质"];
      theDescribe.text = attributes["商品描述"];
                                    // 利用 pict 影片剪辑元件加载图像
  pict.loadMovie(filePath);
  }
}
```

10.3.3　实现过程

1．加载界面设计

（1）双击桌面上的 ![FL图标] 图标，打开 Flash CS4 软件，单击"文件/新建"命令（快捷键：Ctrl+N），新建 Flash 文档。

（2）单击"文件/保存"命令（快捷键：Ctrl+S），保存文件名为"利用 XML 实现商品信息动态浏览特效"，文件类型为"Flash CS4 文档（*.fla）"。

（3）单击"修改/文档"命令（快捷键：Ctrl+J），弹出"文档属性"对话框，设置尺寸大小为 640 像素×520 像素，帧频为 12fps，颜色为"白色"，单击"确定"按钮。

（4）单击工具箱中的文字工具 **T**，设置文字类型为"静态文字"，颜色为"黑色"，然后在场景中单击，输入文字"Loading……"，调整其样式及位置，如图 10-35 所示。

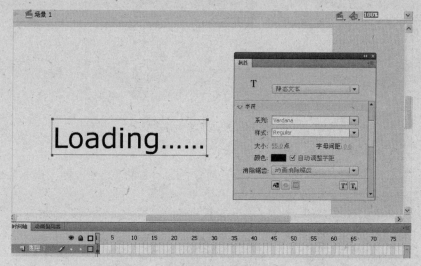

图 10-35　输入文字

（5）选择"时间轴"面板中图层 1 的第 1 帧，按 F9 键，打开"动作"面板，输入如下代码：

```
var goodsXML = new XML();          //创建 XML 实例
var goodsMC= new MovieClip();      //创建影片剪辑元件实例
var index = 0;                     //定义变量并赋值为 0
goodsXML.ignoreWhite = true;
goodsXML.load( "goods.xml");       //加载 XML 文件
goodsXML.onLoad = function ()
{
 gotoAndStop("photo", 1);          //跳转到 photo 场景的第 1 帧
}
stop();
```

（6）单击"窗口/其他面板/场景"命令（快捷键：Shift+F2），打开"场景"面板，如图 10-36 所示。

（7）双击"场景 1"，就可以重命名场景，在这里命名为 loading，如图 10-37 所示。

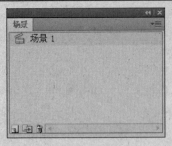
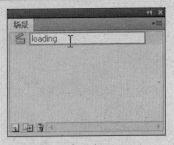

图 10-36   场景面板   图 10-37   重命名场景

（8）单击"添加场景"按钮 ，添加一个新场景，命名为 photo，如图 10-38 所示。

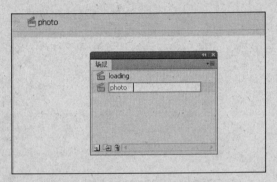

图 10-38   添加新场景并命名

2. 商品信息浏览场景的设计

（1）单击工具箱中的矩形工具 ，设置填充色为"红色"，无边框，按下鼠标左键，绘制矩形，调整其位置及大小后效果如图 10-39 所示。

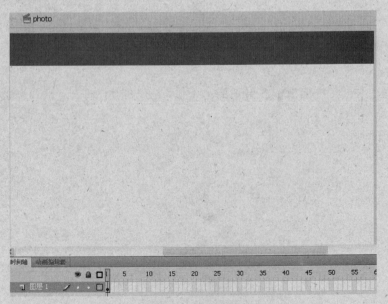

图 10-39   绘制矩形

（2）单击"窗口/颜色"命令（快捷键：Shift+F9），打开"颜色"对话框，设置类型为"线性"，然后调整渐变色的颜色，具体设置及效果如图 10-40 所示。

图 10-40　设置填充颜色

（3）单击工具箱中的文字工具 T ，设置文字类型为"静态文字"，颜色为"白色"，然后在场景中单击，输入文字"利用 XML 实现商品信息动态浏览特效"，调整其样式及位置后效果如图 10-41 所示。

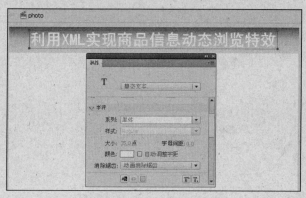

图 10-41　输入文字

（4）选择刚输入的文字，按 Ctrl+C 键复制 1 个，然后按 Ctrl+V 键粘贴，调整其位置及颜色效果如图 10-42 所示。

图 10-42　复制文字

（5）单击工具箱中的文字工具 T ，设置文字类型为"静态文字"，颜色为"黑色"，在场景中单击，输入文字"商品数量"，调整其样式及位置后效果如图 10-43 所示。

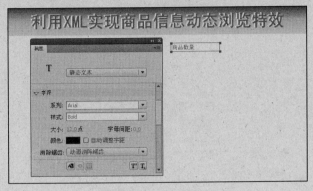

图 10-43　输入文字

（6）同理，再输入其他商品字段说明文字，然后调整它们的位置，效果如图 10-44 所示。

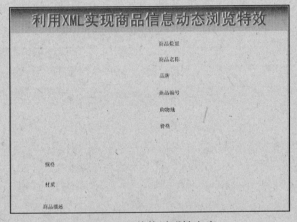

图 10-44　其他说明性文字

（7）单击工具箱中的文字工具 T ，设置文字类型为"动态文字"，实例名为 goodsNo，调整其位置后效果如图 10-45 所示。

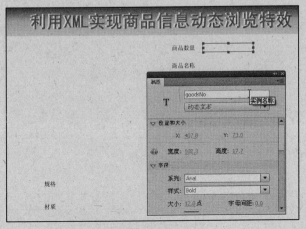

图 10-45　动态文本

（8）同理，再输入其他动态文本，实例名依次是 theName、theMark、theNumber、theField、thePrice、theSpec、theStuff、theDescribe，然后调整它们的位置，效果如图 10-46 所示。

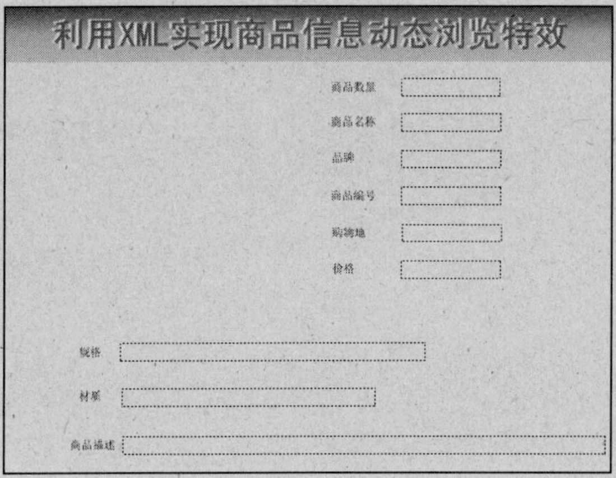

图 10-46　动态文本的位置

（9）单击工具箱中的矩形工具，设置填充色为"灰色"，无边框，按下鼠标左键，绘制矩形，调整其位置及大小后效果如图 10-47 所示。

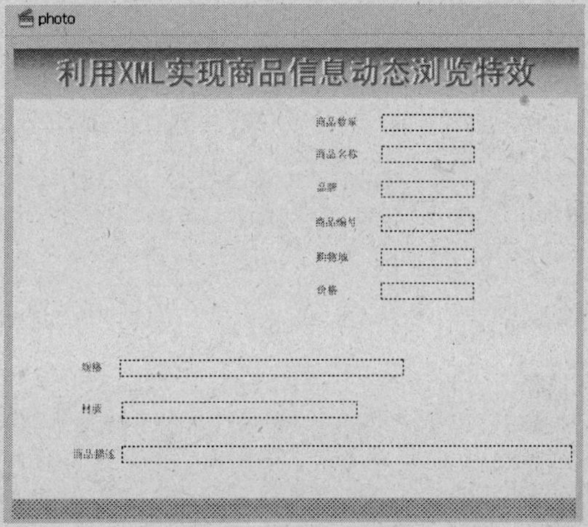

图 10-47　绘制矩形

（10）单击工具箱中的矩形工具，设置填充色为"红色"，无边框，按下鼠标左键，绘制矩形，调整其位置后效果如图 10-48 所示。

图 10-48　绘制填充色为红色的矩形

（11）选择刚绘制的矩形，单击"修改/转换为元件"命令（快捷键：F8），打开"转换为元件"对话框，设置类型为"影片剪辑"，如图 10-49 所示。

（12）单击"确定"按钮，在"属性"面板中为其命名为 pict，如图 10-50 所示。

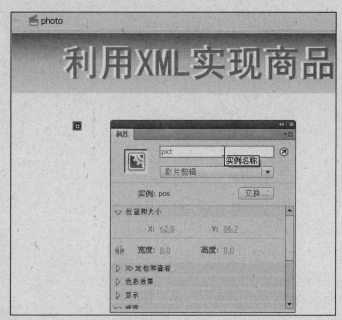

图 10-49　"转换为元件"对话框 　　　　图 10-50　为影片剪辑元件命名

（13）添加公用按钮。单击"窗口/公用库/按钮"命令，打开"库"面板，如图 10-51 所示。

（14）选择 rounded green back 和 rounded green forward 按钮后，按下鼠标左键，拖入到场景中，调整它们的位置后效果如图 10-52 所示。

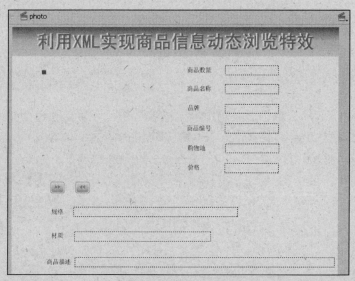

图 10-51　"库"面板 　　　　　　图 10-52　拖入公用库按钮

3. 编写 XML 文档

（1）双击桌面上的 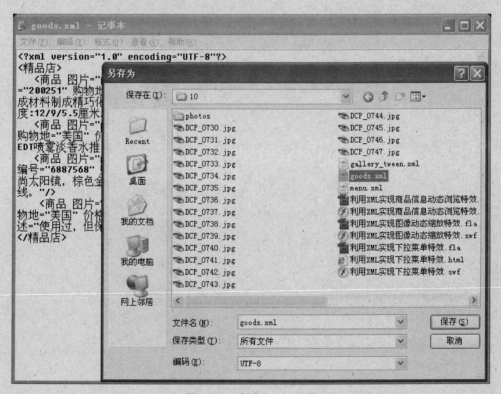 记事本 图标，打开记事本，输入如下代码：

```
<?xml version="1.0" encoding="UTF-8"?>
<精品店>
    <商品 图片="photos/Alba Moda1.jpg" 商品名称="晚包(女)" 品牌="Alba Moda" 商品编号
="200251" 购物地="德国" 价格="¥486 元" 规格="彩色" 材质="合成材料" 商品描述="透明合成材料制成
精巧化妆小包侧边镶嵌金色铆钉，搭配黄色人工加工真花，磁性按扣锁。高/长/厚度:12/9/5.5厘米。"/>
    <商品 图片="photos/Nike1.jpg" 商品名称="香水(男)" 品牌="Nike" 商品编号="126519"
购物地="美国" 价格="¥370 元" 规格="100ml" 材质="柑橘，木材与薰衣草" 商品描述="NIKE EDT 喷雾淡
香水推出年代: 1991 香型: 浓郁，甜美分类: 清爽型 推荐使用: 日用"/>
    <商品 图片="photos/Alba Moda2.jpg" 商品名称="太阳镜(女)" 品牌="Alba Moda" 商品编
号="6887568" 购物地="德国" 价格="¥414 元" 规格="银色" 材质="人造玻璃" 商品描述="时尚太阳镜，
棕色金属材质，银色人工材料制镜架，棕色人工玻璃镜片，高清晰度，100%防紫外线。"/>
        <商品 图片="photos/Nike2.jpg" 商品名称="开球杆" 品牌="Nike" 商品编号="5815" 购物地
="美国" 价格="¥1468 元" 规格="275cc，右手，9.5°杆面倾角" 材质="超硬石墨" 商品描述="使用过，但
保养很好，性能良好，B 级。"/>
</精品店>
```

（2）保存文件。单击"文件/另存为"命令，弹出"另存为"对话框，设置文件类型为
"所有文件"，文件名为 goods.xml，如图 10-53 所示。

图 10-53　保存 XML 文件

注意：要保存的 XML 文件要与 Flash 文件保存在同一个文件夹中。

4. 添加 Action 代码及动画的测试

（1）选择"时间轴"面板中图层 1 的第 1 帧，按 F9 键，打开"动作"面板，输入如下代码：

```
e = goodsXML.firstChild.childNodes;        //获得 XML 的子节点内容
totalGoods = e.length;                     //获得 XML 的子节点长度
displayData();                             //调用 displayData 过程
function displayData() {
 goodsNo.text = (index+1)+" / "+totalGoods;
 with (e[index]) {                         //利用循环语句获得 XML 文件信息
        filePath = attributes["图片"];
        theName.text = attributes["商品名称"];
        theMark.text = attributes["品牌"];
        theNumber.text = attributes["商品编号"];
        theField.text = attributes["购物地"];
        thePrice.text = attributes["价格"];
        theSpec.text = attributes["规格"];
        theStuff.text = attributes["材质"];
        theDescribe.text = attributes["商品描述"];
                                // 利用 pict 影片剪辑元件加载图像
        pict.loadMovie(filePath);
 }
}
```

（2）单击 按钮，按 F9 键，弹出"动作"面板，添加如下代码：

```
on (release)
{
 if (index == 0) {
        index = totalGoods -1;
 } else {
        index --;
 }
 displayData();
}
```

（3）单击 按钮，按 F9 键，弹出"动作"面板，添加如下代码：

```
on (release)
{
 if (index < (totalGoods -1)) {
        index ++;
 } else {
        index = 0;
 }
 displayData();
}
```

（4）测试动画。单击"控制/测试影片"命令（快捷键：Ctrl+Enter），运行动画，就可以浏览商品信息，如图 10-54 所示。

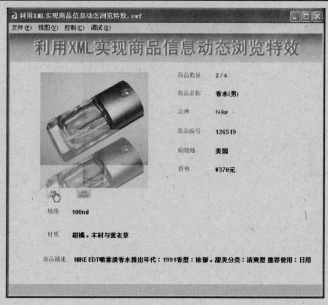

图 10-54　浏览商品信息

本章小结

　　本章通过 3 个具体的案例讲解 Flash CS4 强大的 XML 文档编辑功能，即利用 XML 实现下拉菜单特效、利用 XML 实现图像动态缩放特效、利用 XML 实现商品信息动态浏览特效。通过本章的学习，读者可以掌握 Flash CS4 调用与处理 XML 文档的常用方法与技巧，从而利用 XML 文档设计出功能强大带有后台数据处理功能的动画特效。

第 11 章　游戏特效

本章重点

本章重点讲解 Flash CS4 强大的游戏动画特效，即利用 Flash CS4 可以轻松制作有趣的、交互性强的、吸引人的游戏动画效果，具体内容如下：

➢　练习打字游戏特效

➢　拼图游戏特效

案例 11.1　练习打字游戏特效

11.1.1　案例说明与效果

本案例是一款键盘字母练习动画，动画运行后的界面如图 11-1 所示。

图 11-1　动画运行界面

单击"开始"按钮，就可以进入键盘字母练习界面，字母会从上向下飘落，在没有落下之前，你按下了对应的键，则该字母就会自动消失，然后再随机产生字母，向下飘落，效果如图 11-2 所示。

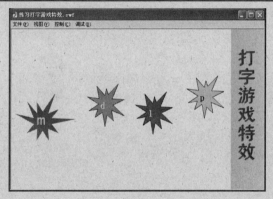

图 10-2　练习打字游戏特效

11.1.2　技术要点与分析

本案例是在影片剪辑元件中的动态文本上产生随机字母，然后按下键盘上的对应键，则字母就会自动消失。利用随机函数 random()，可以随机产生不同的字母，具体代码如下：

```
//影片剪辑元件随机产生不同的字母
_root["we1"].q.text=string.fromcharcode(97+random(26)) ;
_root["we2"].w.text=string.fromcharcode(97+random(26)) ;
_root["we3"].k1.text=string.fromcharcode(97+random(26)) ;
_root["we4"].k2.text=string.fromcharcode(97+random(26)) ;
```

在 4 个影片剪辑元件的动态文本上产生的随机字母不能相同，具体实现代码如下：

```
while(_root["we1"].q.text==_root["we2"].w.text) {
                        //影片剪辑 we2 上产生的字母不能与影片剪辑 we1 上的字母相同
_root["we2"].w.text=string.fromcharcode(97+random(26)) ;
}
//影片剪辑 we3 上产生的字母不能与影片剪辑 we1 和影片剪辑 we2 上的字母相同
while(_root["we3"].k1.text==_root["we2"].w.text   or   _root["we3"].k1.text==
_root["we1"].q.text) {
_root["we3"].k1.text=string.fromcharcode(97+random(26)) ;
}
//影片剪辑 we4 上产生的字母不能与影片剪辑 we1、we2、we3 上的字母相同
while(_root["we4"].k2.text==   _root["we2"].w.text   or   _root["we4"].k2.text==
_root["we1"].q.text or _root["we4"].k2.text==_root["we3"].k1.text ) {
_root["we4"].k2.text=string.fromcharcode(97+random(26)) ;
}
```

11.1.3　实现过程

1．动画界面设计

（1）双击桌面上的 ![icon] 图标，打开 Flash CS4 软件，单击"文件/新建"命令（快捷键：Ctrl+N），新建 Flash 文档。

（2）单击"文件/保存"命令（快捷键：Ctrl+S），保存文件名为"练习打字游戏特效"，文件类型为"Flash CS4 文档（*.fla）"。

（3）单击"修改/文档"命令（快捷键：Ctrl+J），弹出"文档属性"对话框，设置尺寸

大小为 650 像素×400 像素，颜色为"白色"，帧频为 12fps，单击"确定"按钮。

（4）单击工具箱中的矩形工具 ，设置填充色为渐变色，然后按下鼠标左键绘制矩形，如图 11-3 所示。

（5）单击工具箱中的文字工具 T ，设置文字类型为"静态文字"，颜色为"暗红色"，大小为 45 点，然后在场景中单击，输入文字"打字游戏特效"，调整其位置后效果如图 11-4 所示。

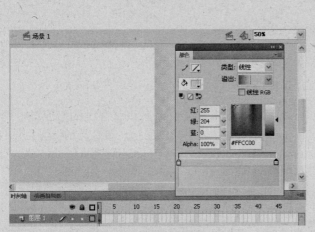

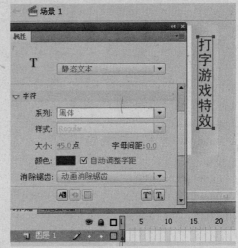

图 11-3　绘制矩形并填充渐变色　　　　　　　图 11-4　输入文字

（6）选择刚输入的文字，按 Ctrl+C 键复制 1 个，然后按 Ctrl+V 键粘贴，调整其颜色与位置后效果如图 11-5 所示。

（7）添加公用按钮。单击"窗口/公用库/按钮"命令，打开"库"面板，如图 11-6 所示。

图 11-5　复制文字　　　　　　　　　图 11-6　"库"面板

（8）选择 bubble 2 blue 按钮，按下鼠标左键，拖入到场景中，调整其大小与位置后效果如图 11-7 所示。

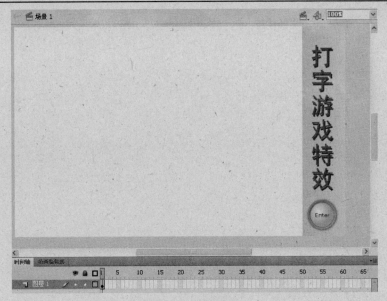

图 11-7　添加按钮

（9）双击按钮，进入按钮元件编辑区域，单击时间轴上 text 层上的小锁，解锁该层，然后单击工具箱中的文字工具 T，修改文字为"开始"，并调整文字的大小为 20 点，如图 11-8 所示。

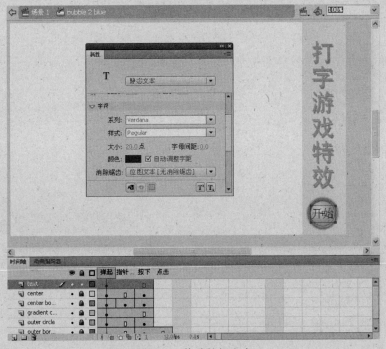

图 11-8　修改按钮文字

（10）单击"场景 1"，返回场景。

（11）选择"时间轴"面板中的图层 1 的第 2 帧，右击，在弹出的快捷菜单中单击"插入关键帧"命令，然后删除按钮，并调整文字的位置，效果如图 11-9 所示。

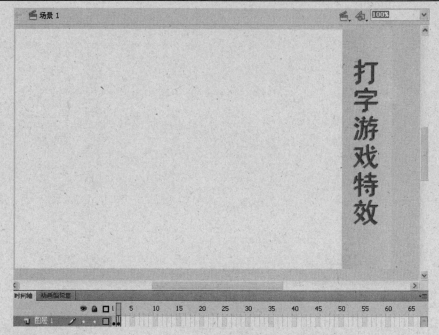

图 11-9 第 2 帧效果

2. 影片剪辑元件

（1）新建影片剪辑元件。单击"插入/新建元件"命令（快捷键：Ctrl+F8），弹出"创建新元件"对话框，设置类型为"影片剪辑"，如图 11-10 所示。

（2）单击"确定"按钮。单击工具箱中的多角星形工具，再单击"属性"面板中的"选项"按钮，弹出"工具设置"对话框，设置样式为"星形"，边数为 10，如图 11-11 所示。

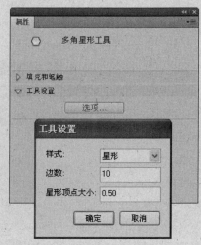

图 11-10   "创建新元件"对话框   图 11-11   "工具设置"对话框

（3）单击"确定"按钮，然后按下鼠标，绘制多角星形，如图 11-12 所示。

（4）单击工具箱中的选择工具，调整多角星形的形状，调整后的效果如图 11-13 所示。

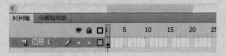

图 11-12　绘制多角星形

图 11-13　调整多角星形的形状

（5）单击工具箱中的文字工具 T，设置文字类型为"动态文字"，颜色为"黄色"，大小为 40 点，并为其命名为 q，如图 11-14 所示。

图 11-14　动态文字

（6）单击"场景 1"，返回场景。

（7）单击"窗口/库"命令（快捷键：Ctrl+L），打开"库"面板，选择影片剪辑元件 1，拖入到场景中，在"属性"面板中为其命名为 we1，如图 11-15 所示。

图 11-15　为影片剪辑元件命名

（8）同理，设计制作其他影片剪辑元件 we2、we3、we4，其中每个影片剪辑中动态文本的名称分别为 w、k1、k2。然后把影片剪辑元件拖入到场景中，调整它们的位置后效果如图 11-16 所示。

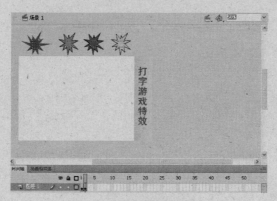

图 11-16　拖入影片剪辑

3. 添加 Action 代码及动画的测试

（1）选择"时间轴"面板中图层 1 的第 1 帧，按 F9 键，打开"动作"面板，输入如下代码：

```
stop();
```

（2）选择"开始"按钮，按 F9 键，打开"动作"面板，输入如下代码：

```
on (release)
{
    gotoAndPlay(2);          //跳转到第 2 帧，并播放
}
```

（3）选择"时间轴"面板中图层 1 的第 2 帧，按 F9 键，打开"动作"面板，输入如下代码：

```
stop();
                        //影片剪辑元件随机产生不同的字母
_root["we1"].q.text=string.fromcharcode(97+random(26)) ;
_root["we2"].w.text=string.fromcharcode(97+random(26)) ;
_root["we3"].k1.text=string.fromcharcode(97+random(26)) ;
_root["we4"].k2.text=string.fromcharcode(97+random(26)) ;
while(_root["we1"].q.text==_root["we2"].w.text) {
//影片剪辑 we2 上产生的字母不能与影片剪辑 we1 上的字母相同
_root["we2"].w.text=string.fromcharcode(97+random(26)) ;
}
//影片剪辑 we3 上产生的字母不能与影片剪辑 we1 和影片剪辑 we2 上的字母相同
while(_root["we3"].k1.text==_root["we2"].w.text   or   _root["we3"].k1.text==
_root["we1"].q.text) {
_root["we3"].k1.text=string.fromcharcode(97+random(26)) ;
}
//影片剪辑 we4 上产生的字母不能与影片剪辑 we1、we2、we3 上的字母相同
while(_root["we4"].k2.text==_root["we2"].w.text   or   _root["we4"].k2.text==
_root["we1"].q.text or _root["we4"].k2.text==_root["we3"].k1.text ) {
_root["we4"].k2.text=string.fromcharcode(97+random(26)) ;
```

```
    }
    we1.onenterframe=function() {                    //影片剪辑 we1 帧帧事件
     if (this._y<stage.width) {
      this._y+=10 ;                                  //影片剪辑 we1 的 Y 坐标每帧增加 10
     }
     else {
      this._y=-60 ;                                  //影片剪辑 we1 的 Y 坐标值为 60
      _root["we1"].q.text=string.fromcharcode(97+random(26)) ;
       while(_root["we1"].q.text==_root["we2"].w.text) {
     _root["we2"].w.text=string.fromcharcode(97+random(26)) ;
      }
     while(_root["we3"].k1.text==_root["we2"].w.text   or   _root["we3"].k1.text==
_root["we1"].q.text) {
     _root["we3"].k1.text=string.fromcharcode(97+random(26)) ;
      }
     while(_root["we4"].k2.text==_root["we2"].w.text   or   _root["we4"].k2.text==
_root["we1"].q.text or _root["we4"].k2.text==_root["we3"].k1.text ) {
     _root["we4"].k2.text=string.fromcharcode(97+random(26)) ;
      }

      }
     if (string.fromcharcode(key.getAscii())==_root["we1"].q.text) {
         this._y=-60 ;
         _root["we1"].q.text=string.fromcharcode(97+random(26)) ;
         while(_root["we1"].q.text==_root["we2"].w.text) {
     _root["we2"].w.text=string.fromcharcode(97+random(26)) ;
      }
     while(_root["we3"].k1.text==_root["we2"].w.text   or   _root["we3"].k1.text==
_root["we1"].q.text) {
     _root["we3"].k1.text=string.fromcharcode(97+random(26)) ;
      }
     while(_root["we4"].k2.text==_root["we2"].w.text   or   _root["we4"].k2.text==
_root["we1"].q.text or _root["we4"].k2.text==_root["we3"].k1.text ) {
     _root["we4"].k2.text=string.fromcharcode(97+random(26)) ;
      }
      }
     }
    we2.onenterframe=function() {                    //影片剪辑 we2 帧帧事件
     if (this._y<stage.width) {
     this._y+=10 ;
     }
     else {
      this._y=-100 ;
      _root["we2"].q.text=string.fromcharcode(97+random(26)) ;
       while(_root["we1"].q.text==_root["we2"].w.text) {
     _root["we2"].w.text=string.fromcharcode(97+random(26)) ;
      }
```

```
    while(_root["we3"].k1.text==_root["we2"].w.text    or    _root["we3"].k1.text==
_root["we1"].q.text) {
      _root["we3"].k1.text=string.fromcharcode(97+random(26)) ;
      }
    while(_root["we4"].k2.text==_root["we2"].w.text    or    _root["we4"].k2.text==
_root["we1"].q.text or _root["we4"].k2.text==_root["we3"].k1.text ) {
      _root["we4"].k2.text=string.fromcharcode(97+random(26)) ;
      }

      }
    if (string.fromcharcode(Key.getAscii())==_root["we2"].w.text) {
        this._y=-60 ;
         _root["we2"].q.text=string.fromcharcode(97+random(26)) ;
          while(_root["we1"].q.text==_root["we2"].w.text) {
    _root["we2"].w.text=string.fromcharcode(97+random(26)) ;
      }
    while(_root["we3"].k1.text==_root["we2"].w.text    or    _root["we3"].k1.text==
_root["we1"].q.text) {
      _root["we3"].k1.text=string.fromcharcode(97+random(26)) ;
      }
    while(_root["we4"].k2.text==_root["we2"].w.text    or    _root["we4"].k2.text==
_root["we1"].q.text or _root["we4"].k2.text==_root["we3"].k1.text ) {
      _root["we4"].k2.text=string.fromcharcode(97+random(26)) ;
      }
      }
    }
  }


  we3.onenterframe=function() {              //影片剪辑 we3 帧帧事件
    if (this._y<stage.width) {
    this._y+=10 ;
    }
    else {
      this._y=-80 ;
      _root["we3"].q.text=string.fromcharcode(97+random(26)) ;
      while(_root["we1"].q.text==_root["we2"].w.text) {
    _root["we2"].w.text=string.fromcharcode(97+random(26)) ;
      }
    while(_root["we3"].k1.text==_root["we2"].w.text    or    _root["we3"].k1.text==
_root["we1"].q.text) {
      _root["we3"].k1.text=string.fromcharcode(97+random(26)) ;
      }
    while(_root["we4"].k2.text==_root["we2"].w.text    or    _root["we4"].k2.text==
_root["we1"].q.text or _root["we4"].k2.text==_root["we3"].k1.text ) {
      _root["we4"].k2.text=string.fromcharcode(97+random(26)) ;
      }

      }
```

```
    if (string.fromcharcode(Key.getAscii())==_root["we3"].k1.text) {
        this._y=-80 ;
         _root["we3"].q.text=string.fromcharcode(97+random(26)) ;
         while(_root["we1"].q.text==_root["we2"].w.text) {
    _root["we2"].w.text=string.fromcharcode(97+random(26)) ;
    }
    while(_root["we3"].k1.text==_root["we2"].w.text   or   _root["we3"].k1.text==
_root["we1"].q.text) {
    _root["we3"].k1.text=string.fromcharcode(97+random(26)) ;
    }
    while(_root["we4"].k2.text==_root["we2"].w.text   or   _root["we4"].k2.text==
_root["we1"].q.text or _root["we4"].k2.text==_root["we3"].k1.text ) {
    _root["we4"].k2.text=string.fromcharcode(97+random(26)) ;
    }
     }
    }


    we4.onenterframe=function() {                    //影片剪辑 we4 帧帧事件
    if (this._y<stage.width) {
     this._y+=10 ;
     }
     else {
      this._y=-120 ;
      _root["we4"].q.text=string.fromcharcode(97+random(26)) ;
      while(_root["we1"].q.text==_root["we2"].w.text) {
    _root["we2"].w.text=string.fromcharcode(97+random(26)) ;
    }
    while(_root["we3"].k1.text==_root["we2"].w.text   or   _root["we3"].k1.text==
_root["we1"].q.text) {
    _root["we3"].k1.text=string.fromcharcode(97+random(26)) ;
    }
    while(_root["we4"].k2.text==_root["we2"].w.text   or   _root["we4"].k2.text==
_root["we1"].q.text or _root["we4"].k2.text==_root["we3"].k1.text ) {
    _root["we4"].k2.text=string.fromcharcode(97+random(26)) ;
    }

     }
    if (string.fromcharcode(Key.getAscii())==_root["we4"].k2.text) {
        this._y=-120 ;
         _root["we4"].q.text=string.fromcharcode(97+random(26)) ;
         while(_root["we1"].q.text==_root["we2"].w.text) {
    _root["we2"].w.text=string.fromcharcode(97+random(26)) ;
    }
    while(_root["we3"].k1.text==_root["we2"].w.text   or   _root["we3"].k1.text==
_root["we1"].q.text) {
    _root["we3"].k1.text=string.fromcharcode(97+random(26)) ;
    }
```

```
while(_root["we4"].k2.text==_root["we2"].w.text    or    _root["we4"].k2.text==
_root["we1"].q.text or _root["we4"].k2.text==_root["we3"].k1.text ) {
_root["we4"].k2.text=string.fromcharcode(97+random(26)) ;
   }
  }
}
```

（4）测试动画。单击"控制/测试影片"命令（快捷键：Ctrl+Enter），运行动画，单击
"开始"按钮，就可以练习打字了，如图 11-17 所示。

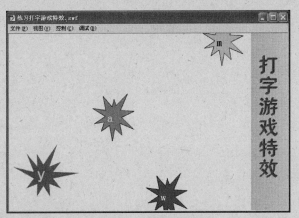

图 11-17　打字游戏效果

案例 11.2　拼图游戏特效

11.2.1　案例说明与效果

本案例是一款拼图游戏特效，动画运行后就可以拖动图片进行拼图，如图 11-18 所示。
拖动图片，放置到淡黄色的区域，如果拼图成功，就会自动转到成功提示界面，如图
11-19 所示。

图 11-18　动画运行效果

图 11-19　拼图成功提示界面

11.2.2　技术要点与分析

本案例共有 2 个界面，1 个是拼图游戏界面，另 1 个是拼图成功提示界面，当拼图成功后，单击"重新开始"按钮，可以重新再进行玩拼图游戏。

拼图游戏的实现方法如下：鼠标指向图片影片剪辑元件，按下鼠标左键，就可以拖动图片影片剪辑元件；当松开鼠标时，图片影片剪辑元件停止拖动，并且利用 If 条件语句进行判断是否在指定的另一个影片剪辑元件的测试区域，如果在测试区域，则自动放置在该区域，具体实现代码如下：

```
pic1.onPress = function() {
  this.startDrag(true) ;                //开始拖动
}
pic1.onRelease = function() {
    stopDrag() ;                        //停止拖动
  if (frame1.hitTest(pic1) ){           //是否在 frame1 的测试区域
  pic1._x = frame1._x ;
  pic1._y = frame1._y ;
  }
  else if (frame2.hitTest(pic1) ){
  pic1._x = frame2._x ;
  pic1._y = frame2._y ;
  }
  else if (frame3.hitTest(pic1) ){
  pic1._x = frame3._x ;
  pic1._y = frame3._y ;
  }
  else if (frame4.hitTest(pic1) ){      //是否在 frame4 的测试区域
  pic1._x = frame4._x ;
  pic1._y = frame4._y ;
  }
}
```

如果图片影片剪辑元件都在指定的测试区域，则拼图成功，则自动跳转到拼图成功界面。

```
_root.onEnterFrame = function() {       //帧帧事件
  b = 0;
  for (j=1; j<=4; j++) {     //利用 for 循环语句判断图片是否都在指定测试区域
      if (eval("frame"+j)._x == eval("pic"+j)._x and eval("frame"+j)._y == eval("pic"+j)._y) {
              b += 1;
      }
  }
  if (b == 4) {   //如果都在测试区域，即拼图成功，自动跳转到第 2 帧
  gotoAndStop(2);
  }
}
```

11.2.3　实现过程

1. 拼图界面设计

（1）双击桌面上的 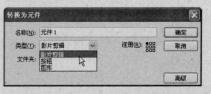 图标，打开 Flash CS4 软件，单击"文件/新建"命令（快捷键：Ctrl+N），新建 Flash 文档。

（2）单击"文件/保存"命令（快捷键：Ctrl+S），保存文件名为"拼图游戏特效"，文件类型为"Flash CS4 文档（*.fla）"。

（3）单击"修改/文档"命令（快捷键：Ctrl+J），弹出"文档属性"对话框，设置尺寸大小为 450 像素×400 像素，帧频为 12fps，颜色为"白色"，单击"确定"按钮。

（4）单击工具箱中的矩形工具 ，设置填充色为"暗红色"，无边框，按下鼠标左键，绘制矩形，调整其位置后效果如图 11-20 所示。

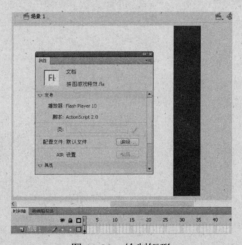

图 11-20　绘制矩形

（5）单击工具箱中的选择工具 ，选择矩形的一部分，然后设置填充色为"金黄色"，如图 11-21 所示。

（6）选择矩形，单击"修改/转换为元件"命令（快捷键：F8），打开"转换为元件"对话框，设置类型为"影片剪辑"，如图 11-22 所示。

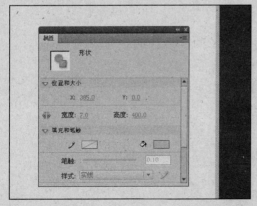

图 11-21　改变矩形局部的颜色　　　　　　图 11-22　"转换为元件"对话框

（7）单击"确定"按钮，单击"属性"面板中的"添加滤镜"按钮 ，在弹出的菜单中单击"斜角"命令，如图 11-23 所示。

（8）单击工具箱中的文字工具 T，设置文字类型为"静态文字"，颜色为"白色"，在场景中单击，输入文字"拼图游戏特效"，调整其样式及位置后效果如图 11-24 所示。

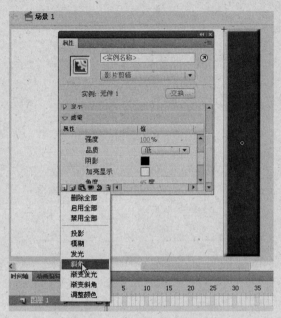

图 11-23　添加斜角滤镜效果

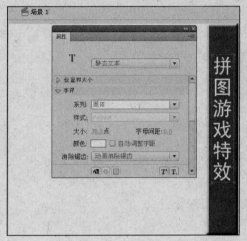

图 11-24　输入文字

（9）选择刚输入的文字，按 Ctrl+C 键复制 1 个，然后按 Ctrl+V 键粘贴，调整其颜色与位置后效果如图 11-25 所示。

（10）单击"插入/新建元件"命令（快捷键：Ctrl+F8），弹出"创建新元件"对话框，设置类型为"影片剪辑"，如图 11-26 所示。

图 11-25　复制文字

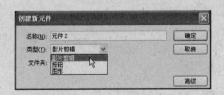

图 11-26　"创建新元件"对话框

（11）单击"确定"按钮。单击工具箱中的矩形工具 ，设置填充色为"淡黄色"，无边框，按下鼠标左键，绘制矩形，调整其位置后效果如图 11-27 所示。

（12）单击"场景 1"，返回场景。

（13）单击"插入/新建元件"命令（快捷键：Ctrl+F8），弹出"创建新元件"对话框，设置名称为 pics1，类型为"影片剪辑"，如图 11-28 所示。

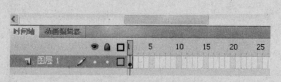

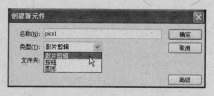

图 11-27　绘制矩形　　　　　　　　　　图 11-28　"创建新元件"对话框

（14）单击"确定"按钮。单击"文件/导入/导入到舞台"命令（快捷键：Ctrl+R），弹出"导入"对话框，选择要导入的图片，单击"打开"按钮，把图片导入到影片剪辑中，如图 11-29 所示。

（15）单击场景 1，返回场景。同理，再创建其他影片剪辑 pics2、pics3、pics4，这里不再重复。

（16）单击"窗口/库"命令（快捷键：Ctrl+L），弹出"库"面板，如图 11-30 所示。

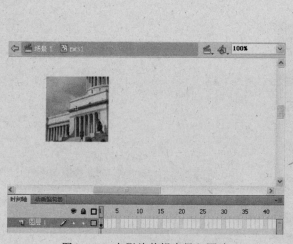

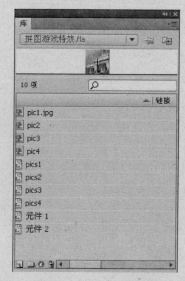

图 11-29　向影片剪辑中导入图片　　　　　　图 11-30　"库"面板

（17）选择"库"面板中的影片剪辑 pics1、pics2、pics3、pics4，按下鼠标左键，拖入到场景中，在"属性"面板中为它们分别命名为 pic1、pic2、pic3、pic4，如图 11-31 所示。

图 11-31　拖入图片影片剪辑并命名

　　（18）选择"库"面板中的"元件 2"影片剪辑，按下鼠标左键，拖入到场景中，然后在"属性"面板中为其命名为 frame1，如图 11-32 所示。

图 11-32　拖入影片剪辑

　　（19）选择 frames1 影片剪辑，按 Ctrl+D 键，直接复制 3 个影片剪辑，然后分别命名为 frame2、frame3、frame4，调整它们的位置后效果如图 11-33 所示。

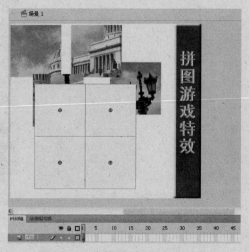

图 11-33　直接复制影片剪辑元件

2. 拼图成功界面设计

（1）选择"时间轴"面板中图层 1 的第 2 帧，右击，在弹出的快捷菜单中单击"插入关键帧"命令，然后删除所有影片剪辑元，最后效果如图 11-34 所示。

（2）单击工具箱中的文字工具 **T**，设置文字类型为"静态文字"，颜色为"红色"，大小为 38 点，在场景中单击，输入文字"恭喜你，拼图成功！"，调整其位置后效果如图 11-35 所示。

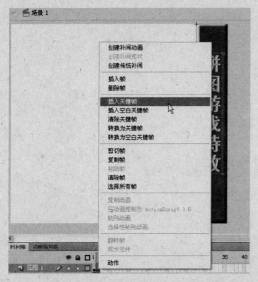

图 11-34　第 2 帧效果

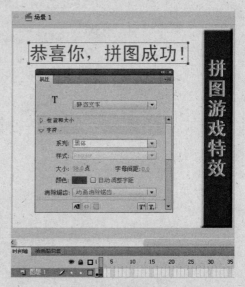

图 11-35　输入文字

（3）单击"窗口/公共库/按钮"命令，打开"库"面板，如图 11-36 所示。

（4）选择"库"面板中的 tube orange 按钮，拖入到场景中，然后改变其大小及位置后效果如图 11-37 所示。

图 11-36　"库"面板

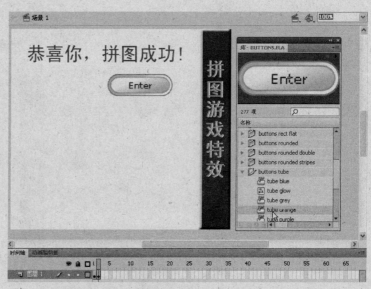

图 11-37　公共库按钮

（5）改变按钮说明性文字。双击按钮，再利用文字工具修改说明性文字，在这里输入文字"重新开始"，如图 11-38 所示。

（6）单击"场景 1"，返回场景。

（7）导入图片。单击"文件/导入/导入到舞台"命令（快捷键：Ctrl+R），弹出"导入"对话框，选择要导入的图片，单击"打开"按钮，把图片导入到影片剪辑中，如图 11-39 所示。

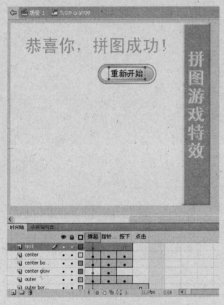

图 11-38 修改按钮文字   图 11-39 导入图片

3. 添加 Action 代码及动画的测试

（1）选择"时间轴"面板中图层 1 的第 1 帧，按 F9 键，打开"动作"面板，输入如下代码：

```
stop() ;
pic1.onPress = function() {
  this.startDrag(true) ;
}
pic1.onRelease = function() {
    stopDrag() ;
  if (frame1.hitTest(pic1) ){
  pic1._x = frame1._x ;
  pic1._y = frame1._y ;
  }
  else if (frame2.hitTest(pic1) ){
  pic1._x = frame2._x ;
  pic1._y = frame2._y ;
  }
  else if (frame3.hitTest(pic1) ){
  pic1._x = frame3._x ;
  pic1._y = frame3._y ;
```

```
    }
    else if (frame4.hitTest(pic1) ){
    pic1._x = frame4._x ;
    pic1._y = frame4._y ;
    }
}
pic2.onPress = function() {
    this.startDrag(true) ;
}
pic2.onRelease = function() {
    stopDrag() ;
    if (frame1.hitTest(pic2) ){
    pic2._x = frame1._x ;
    pic2._y = frame1._y ;
    }
    else if (frame2.hitTest(pic2) ){
    pic2._x = frame2._x ;
    pic2._y = frame2._y ;
    }
    else if (frame3.hitTest(pic2) ){
    pic2._x = frame3._x ;
    pic2._y = frame3._y ;
    }
    else if (frame4.hitTest(pic2) ){
    pic2._x = frame4._x ;
    pic2._y = frame4._y ;
    }
}
pic3.onPress = function() {
    this.startDrag(true) ;
}
pic3.onRelease = function() {
    stopDrag() ;
    if (frame1.hitTest(pic3) ){
    pic3._x = frame1._x ;
    pic3._y = frame1._y ;
    }
    else if (frame2.hitTest(pic3) ){
    pic3._x = frame2._x ;
    pic3._y – frame2._y ;
    }
    else if (frame3.hitTest(pic3) ){
    pic3._x = frame3._x ;
    pic3._y = frame3._y ;
    }
    else if (frame4.hitTest(pic3) ){
    pic3._x = frame4._x ;
```

```
        pic3._y = frame4._y ;
        }
    }
    pic4.onPress = function() {
        this.startDrag(true) ;
    }
    pic4.onRelease = function() {
        stopDrag() ;
        if (frame1.hitTest(pic4) ){
        pic4._x = frame1._x ;
        pic4._y = frame1._y ;
        }
        else if (frame2.hitTest(pic4) ){
        pic4._x = frame2._x ;
        pic4._y = frame2._y ;
        }
        else if (frame3.hitTest(pic4) ){
        pic4._x = frame3._x ;
        pic3._y = frame3._y ;
        }
        else if (frame4.hitTest(pic4) ){
        pic4._x = frame4._x ;
        pic4._y = frame4._y ;
        }
    }


    _root.onEnterFrame = function() {
        b = 0;
        for (j=1; j<=4; j++) {
            if (eval("frame"+j)._x == eval("pic"+j)._x and eval("frame"+j)._y ==
eval("pic"+j)._y) {
                b += 1;
            }
        }
        if (b == 4) {
        gotoAndStop(2);
        }
    };
```

（2）选择"时间轴"面板中图层 1 的第 2 帧，按 F9 键，打开"动作"面板，输入如下代码：

```
stop () ;
```

（3）选择第 2 帧中的"重新开始"按钮，按 F9 键，打开"动作"面板，输入如下代码：

```
on(release)
{
gotoAndPlay(1);
```

```
for (i=1; i<=4; i++)
 {
eval("pic"+i)._x = random(240)+80;
eval("pic"+i)._y = random(160)+70;
 }
}
```

（4）测试动画。单击"控制/测试影片"命令（快捷键：Ctrl+Enter），运行动画，就可以拖动图片进行拼图了，如图 11-40 所示。

（5）如果拼图成功，就会自动转入成功提示界面，如图 11-41 所示。

图 11-40   拼图游戏

图 11-41   拼图成功

（6）单击"重新开始"按钮，可以重新再进行拼图游戏。

本章小结

　　本章通过 2 个具体的案例讲解 Flash CS4 强大的游戏制作功能，即练习打字游戏特效和拼图游戏特效。通过本章的学习，读者可以掌握 Flash CS4 制作游戏特效的常用方法与技巧，从而设计出功能强大的游戏。